MARTIN MODER

Treffen sich zwei Moleküle …

GOLDMANN
Lesen erleben

Buch

Einfach Stechmücke und Glühwürmchen kreuzen, damit man nachts sieht, wo man hinschlagen muss? Martin Moder zeigt anhand zahlreicher Beispiele, dass die Wissenschaft zu so ziemlich jedem Aspekt des Lebens nicht nur spannende Fragen aufwirft, sondern auch überraschende Antworten bereithält. Mit Witz und Verve spannt der Molekurlarbiologe den großen Bogen von der Entstehung des ersten Lebewesens bis hin zur Frage, wie man Gedanken in einem Gehirn konserviert. Die Meinung der Experten: »›Es gibt in Ihrem Leben zwei Dinge, die Ihnen Freude bereiten: Serotonin und Dopamin.‹ Auch die Lektüre dieses Buches setzt Glückshormone frei.« Wissenschaft aktuell

Autor

Martin Moder, Molekurlarbiologe am Forschungszentrum für Molekulare Medizin in Wien und 2014 erster Science-Slam-Europameister der Welt, hielt seinen anschaulichen Vortrag »Hirnamputierte Fruchtfliegen zur Tumorbekämpfung« im Fliegenkostüm. Er engagiert sich in der »Gesellschaft für Kritisches Denken«, betreibt den Science Blog »GENau« und ist Mitglied der Science Busters. Martin Moder findet Wissenschaft viel zu spannend, um sie nur den Forschern zu überlassen und ist überzeugt, dass es noch nie eine aufregendere Zeit gab, um Molekularbiologe zu sein.

Martin Moder

Treffen sich zwei Moleküle …

Wissenschaft einfach clever erklärt

Mit Illustrationen von
Mandy Fischer

GOLDMANN

Sollte diese Publikation Links auf Webseiten Dritter
enthalten, so übernehmen wir für deren Inhalte
keine Haftung, da wir uns diese nicht zu eigen machen,
sondern lediglich auf deren Stand zum Zeitpunkt
der Erstveröffentlichung verweisen.

Verlagsgruppe Random House FSC® N001967

2. Auflage
Taschenbuchausgabe März 2018
Wilhelm Goldmann Verlag, München,
in der Verlagsgruppe Random House GmbH
Neumarkter Str. 28, 81673 München
Copyright © 2018 dieser Ausgabe by Wilhelm Goldmann Verlag,
München, in der Verlagsgruppe Random House GmbH
Copyright © 2016 der Originalausgabe by Benevento Publishing,
eine Marke der Red Bull Media House GmbH,
Wals bei Salzburg
Umschlaggestaltung: UNO Werbeagentur, München
Umschlagabbildung: FinePic®, München
Autorenfoto: Ingo Pertramer
KF · Herstellung: kw
Druck und Einband: GGP Media GmbH, Pößneck
Printed in Germany
ISBN: 978-3-442-15948-2
www.goldmann-verlag.de

Besuchen Sie den Goldmann Verlag im Netz

Inhalt

Vorwort

Erinnern Sie sich noch an den Moment, in dem Ihnen plötzlich klar wurde, was Ihre Berufung ist? Was Sie mit ihrem Leben anfangen wollen?

Wenn Kinder sagen, sie möchten Wissenschaftler oder Wissenschaftlerin werden (es sind selbstverständlich immer beide Geschlechter gemeint), denken sie dabei meistens daran, Dinge in die Luft zu jagen, Superkräfte durch radioaktive Spinnenbisse zu bekommen oder ihre Feinde mit irgendwelchen Laserstrahlen zu vernichten. Mit einer so klaren Vision bin ich leider nicht aufgewachsen, dafür war ich schon immer ein neugieriger Mensch. Gezeigt hat sich das erstmals, als ich in meiner Kindheit zusammen mit meiner Schwester eine mysteriöse Maschine bei meiner Oma untersuchte. Während ich das Gerät inspizierte, indem ich meinen Finger in sämtliche Öffnungen steckte, drehte meine Schwester an der seitlich angebrachten Kurbel. Ich erinnere mich noch sehr gut an die Konstruktion, obwohl ich seitdem nie wieder einen Fleischwolf gesehen habe. An diesen Moment denke ich gerne zurück und rede mir ein, dass die plötzliche Klarheit über die Funktionsweise der Maschine meine Schwester dazu motiviert hat, Physikerin zu werden, während der Anblick meines Finger-Innenlebens mich dazu ermutigt hat den menschlichen Körper verstehen zu wollen – insbesondere, wie man eine Blutung stoppt. Es war der Kickstarter für meine Faszination für die Biologie. Plötzlich schossen mir alle möglichen Fragen durch den Kopf. Kann man eine Stechmücke mit einem Glühwürmchen kreuzen, damit man nachts sieht, wo man hinschlagen muss? Wissen Raupen, dass sie zu Schmetterlingen werden, oder bauen sie einen Kokon und fragen sich dabei, was zur Hölle sie gerade machen?

Einige Jahre später, als sich meine Fingerspitze längst von ihrem Verlust erholt hatte, schrieb ich mich für ein Biologiestudium an der Universität Wien ein, um Molekularbiologe zu werden. Ich hatte keine Ahnung, was auf mich zukam. Zu diesem Zeitpunkt stammte meine stärkste Assoziation zum Thema Wissenschaft aus nächtelangen Half-Life-Sitzungen. Bei dem Computerspiel schlüpft man in die Rolle eines Physikers, dem ein Experiment in die Hose geht, wodurch sich ein Dimensionsportal öffnet. Daraufhin schnappt er sich eine Brechstange, mit der er auf die Außerirdischen einklopft, die durch das Portal schlüpfen. Damals fand ich das ziemlich spannend, doch mittlerweile habe ich etwas gelernt, das ich mir zu der Zeit nicht hätte vorstellen können: dass Wissenschaft im echten Leben noch um einiges aufregender ist.

Wissenschaftlern wird manchmal unterstellt, sie würden den Dingen die Magie rauben, indem sie versuchen, alles zu verstehen. Dieser Vorwurf ist so haltlos wie Sommerreifen auf einem sibirischen Gebirgspfad. Und das gleich aus zwei Gründen. Erstens: Forscher sind sehr froh darüber, nicht alles zu verstehen. Sie arbeiten in einer Branche, die davon lebt, neues Wissen zu generieren. Gäbe es nichts mehr zu entdecken, würden sich die Warteräume des Arbeitsmarktservice rasant mit Menschen in weißen Labormänteln füllen. Zweitens: Wenn man etwas versteht, wird es dadurch nicht weniger schön. Eine Blume riecht nicht schlechter, nur weil man erkennt, dass sie damit summende Bienchen anlocken will. Das Wissen um die gemeinsame Evolution der beiden Wesen fügt lediglich eine weitere Ebene an Schönheit hinzu. So wie der Cheese im Cheeseburger. Ein Forschungslabor ist ein Werkzeugkasten, der die unsichtbaren Dinge dieser Welt greifbar macht, verborgene Zusammenhänge offenbart und die Genialität hinter scheinbar banalen Dingen zu erkennen gibt. Der wissenschaftlich interessierte Mensch erkennt deshalb sogar die Eleganz hinter den Schimmelflecken über der Badewanne. Genau wie Sie hat der Pilz einen Milliarden Jahre andauernden Optimierungsprozess hinter sich. Fühlt man sich da nicht gleich ein bisschen verbundener? Seien Sie froh, dass die Evolution Sie auf der Seite ausgespuckt hat, die den Anti-Flecken-Spray in der Hand hält.

Der molekulare Bruder der Biologie ist die Genetik. Sie beschäftigt sich mit der DNA – dem Bauplan des Lebens. Salopp gesagt sind es lediglich unsere Gene, die uns von dem Afrikanischen Ochsenfrosch unterscheiden. Obwohl wir erst seit knapp über 60 Jahren wissen, was DNA eigentlich ist, können wir Gene heute verschieben und abändern, als wären sie Lego-Bausteine. In diesem Buch liefern Genetik, Biologie und die Medizin Antworten auf die großen Fragen des Lebens:

- Woher kommen wir?
- Kann man das Bewusstsein mit einem Messer spalten?
- Wie viel Weißbrot muss man essen, um betrunken zu werden?
- Sollte ich mich mit jemandem zusammennähen?
- Und wie kann man mithilfe von Fußgeruch Leben retten?

Je mehr wir von der Welt begreifen, desto grandioser erscheint sie uns. In den letzten Jahren hat die Wissenschaft erstaunliche Entdeckungen gemacht, die unser Weltbild und unser Selbstverständnis auf die Probe stellen. Leider verstecken sich die meisten davon in irgendwelchen Fachzeitschriften und schaffen es zwischen *Bauer sucht Frau* und der fünften Wiederholung der gleichen Simpsons-Episode kaum an die Öffentlichkeit. Mit diesem Buch möchte ich das ändern. Es handelt von den spannendsten Erkenntnissen und Gedanken, die man als Molekularbiologe an den Kopf geworfen bekommt. Die Wissenschaft hat zu ziemlich jedem Aspekt des Lebens etwas Spannendes zu sagen. Dieses Buch beschäftigt sich damit, wie Gene, Biologie und Forschung unser Leben beeinflussen und in Zukunft noch viel stärker prägen werden. Es beinhaltet Themen, die so menschlich sind wie die Liebe, bis hin zu digitalen Fadenwurmgehirnen, die Lego-Roboter steuern. Erfahren Sie, wie man wissenschaftlich korrekt kuschelt und wie sich Embryonen bereits im Mutterleib für das fensterlose, aber gemütliche Plätzchen revanchieren. Ich bin sicher, Sie werden auf viele Dinge stoßen, die Sie überraschen. Viel Spaß dabei!

1. Kapitel

Vom rosa Urschleim
zum mongolischen Frauenheld

Die Frage nach dem Ursprung des Lebens hat die Menschen schon immer beschäftigt. So vielfältig wie die Kulturen dieser Welt sind deshalb auch die Erklärungsmodelle, die im Laufe der Zeit aufgestellt wurden. Die alten Griechen meinten, ein Titan namens Prometheus hätte uns aus Ton geformt. Er gab den Menschen den Fleiß der Pferde und die Klugheit der Hunde. Seit ich diesen Mythos kenne, muss ich immer schmunzelnd nicken, wenn der Hund meiner Schwester seinen Schwanz jagt, nachdem er seinen eigenen Kot gefressen hat.

Einen besonders einfallsreichen Schöpfungsmythos findet man auch in der chinesischen Mythologie. Darin beginnt die Geschichte der Welt mit einem Ei, das durch die Dunkelheit treibt. Als die Schale zerbrach, wurde die obere Hälfte zum Himmel, die untere zur Erde und dazwischen befand sich der frisch geschlüpfte Pangu, das erste Lebewesen der Welt, das Himmel und Erde stützte. Als Pangu nach Jahrtausenden starb, wurde eines seiner Augen zur Sonne, das andere zum Mond. Aus seinen Haaren wurden Wälder, während sich Felsen aus seinen Zähnen formten. Und woraus bildeten sich die Menschen? Aus dem Ungeziefer, das auf seiner Haut wohnte. Hut ab vor der Selbstironie der alten Chinesen, aber als glaubwürdiges Erklärungsmodell für die Entstehung des Lebens reicht mir das nicht.

Nach den antiken Kulturen begannen auch moderne Wissenschaftler damit, sich Gedanken über die Herkunft des ersten Lebewesens zu machen. Wie kann es

14

sein, dass auf einem bisher toten, durch das Weltall sausenden Gesteinshaufen namens Erde plötzlich etwas anfängt zu leben? Zwar wissen wir mittlerweile, dass das Leben in sehr primitiver Form angefangen haben muss und nicht etwa plötzlich Katzenbabys aus der Erde geschossen sind. Wie genau dieses erste Leben entstehen konnte, ist aber nach wie vor mysteriös. Umso spannender ist es, dass man einigen der Prozesse, die zur Entstehung des Lebens beigetragen haben müssen, mittlerweile auf die Schliche gekommen ist. Ein kosmisches Ei war laut den Modellen der Forscher zwar nicht involviert, dafür andere Dinge, die durch die Dunkelheit fliegen. In diesem Kapitel finden Sie eines der aktuellsten Erklärungsmodelle für eine der ältesten Fragen der Welt: Woher kommen wir?

Kaffeekränzchen mit Dschingis Khan

Als Kind fand ich Familienfeiern ziemlich langweilig. Kaffee durfte ich noch nicht trinken, und erwähnenswerter Tratsch aus dem Kindergarten fiel mir auch nicht ein. Außerdem besaßen meine Tanten einen Hund, der mir, zumindest in meiner kindlichen Wahrnehmung, nach dem Leben trachtete. Dafür hatten meine Tanten Satellitenfernsehen. Das kannte ich von daheim nicht, und es machte mir großen Spaß, beim Durchzappen nach absurden, zusammenhängenden Satzfragmenten zu suchen. Insgesamt waren die Familienfeiern also ganz erträglich, zumal meine Verwandten richtig nette Leute sind. Zumindest diejenigen, die ich kenne. Aber was ist mit denen, die ich nie getroffen habe? Wissen Sie, wer Ihre Ururgroßeltern waren?

Stellen Sie sich vor, Sie würden Ihren Vater an der Hand halten. Der hält wiederum seinen Vater an der Hand, der wiederum seinen und so weiter. Statistisch betrachtet, würde nach nur 50 Metern dieser Großvaterkette mit einer Wahrscheinlichkeit von 1:200 ein Mann stehen, dessen Name Ihnen nicht unbekannt ist: Dschingis Khan. Der mongolische Eroberer hatte bei Familienfeiern sicherlich spannenderen Tratsch zu erzählen als meine Tanten. Dafür hatte er kein Satellitenfernsehen. Khan war nicht der Typ, der sich in die *Friendzone* stecken lässt. Anders wären die Millionen an Nachfahren, die es heute von ihm gibt, schwer zu erklären. Er hatte Hunderte Kinder, die selbst wiederum

Hunderte Kinder zur Welt brachten. Vermutlich ist er nur deshalb plündernd durch Asien gezogen, um seine Alimente zahlen zu können. Das Wissen über die Verbreitung der Khan-Gene verdanken wir einer Untersuchung von Y-Chromosomen aus dem Jahre 2003 (Zerjal, 2003). Y-Chromosomen sind ein Teil unserer Erbinformation und legen das männliche Geschlecht fest. Sie werden relativ unverändert von Vater zu Sohn weitergegeben und erlauben Rückschlüsse auf den väterlichen Teil des Stammbaums. Wie es zu einer so starken Verbreitung seiner Nachfahren kommen konnte, lässt ein umstrittenes Zitat erahnen, das Khan manchmal angehaftet wird: »Die größte Freude im Leben eines Mannes ist es, seine Gegner zu besiegen, sie vor sich her zu treiben, ihnen sämtlichen Besitz wegzunehmen, ihre Geliebten in Tränen zu sehen, ihre Pferde zu reiten und ihre Frauen und Töchter in den Armen zu halten.« Zweifelhaft, ob es ihm tatsächlich ausreichte, Frauen und Töchter in den Armen zu halten. Khan gilt nicht als klassischer Gutmensch, und über 100 Kinder bekommt man nicht, nur weil man es auf der Maturareise mal krachen lässt. Seine Nachfahren waren ebenfalls nicht zeugungsfaul, was man darauf zurückführt, dass Männer in Machtpositionen mehrere Frauen hatten und sich in eroberten Städten nicht gerade wie Gentlemen verhielten. Das Resultat dieser mongolischen Orgien ist, dass sich die Y-Chromosomen von acht Prozent aller Männer in einer großen Region Asiens auf die Khan-Familie zurückführen lassen. Zugegeben, wenn Sie kein bisschen asiatisch aussehen, stehen Ihre Chancen auf die Eroberer-Gene schlecht. Aber rein rechnerisch betrachtet, bringen es die Khan-Nachfahren auf stolze 0,5 Prozent der männlichen Weltbevölkerung von 2003.

Moleküle und Meteoriten

Gehen wir in der Großvaterkette noch weiter zurück. Viel weiter. Theoretisch könnte man sie fortführen bis zur ersten Lebensform der Welt. In der Praxis würde dieser Versuch aber daran scheitern, dass die Kette bei einer Anzahl an Individuen, die etwa der Einwohnerzahl Pakistans entspricht, reißen würde. Es ist nämlich verdammt schwer, sich die Hände zu geben, wenn man stattdessen Flossen hat. Und haben Sie schon einmal zwei Fische beim Händchenhalten beobachtet? Dafür fehlt denen einfach der Sinn für Romantik. Ignoriert man dieses Problem und stellt die restlichen Vorfahren wie alte Ehepaare wortlos nebeneinander, endet die Kette tatsächlich irgendwann mit unserem ersten gemeinsamen Vorfahren. Dieser einzellige Adam lebte vor rund vier Milliarden Jahren und formt den Übergang von der Chemie zur Biologie. Auf Englisch wird er liebevoll als LUCA bezeichnet – the Last Universal Common Ancestor. Wie Luca aussah und was seine Hobbys waren, weiß niemand so genau. Es war ja auch noch niemand da, der ihn danach hätte fragen können.

Es hat sich auch niemand dafür interessiert, ob Luca überhaupt entstehen möchte. Diese Entscheidung hat ihm bereits der Kohlenstoff abgenommen, der völlig ungeniert mehrere Bindungen zugleich eingeht und die Grundstruktur des Lebens bildet. Das Element hat einen langen Weg hinter sich. Es wird im Inneren von massereichen Sternen geschmiedet und formt praktisch alles, was diese Welt lebenswert macht: Grillkohle, Diamanten und das Leben. Eiweiß, Fett, Kohlenhydrate und viele andere Dinge, die in unseren Zellen herumschwimmen, haben Kohlenstoff als Grundgerüst. Das kommt daher, dass Kohlenstoff ein Meister darin ist, lange Ketten zu formen und Bindungen mit anderen Elementen einzugehen. Diese Bindungen haben sogar die perfekte Stärke. Sie sind kräftig genug, um beim Saunabesuch nicht spontan zu zerfallen, aber dennoch so locker, dass wir sie aufbrechen können und das verspeiste Sahnetörtchen nicht unverdaut in die Toilette plumpsen muss. Die wichtigste Eigenschaft von Kohlenstoff ist aber die Vielfalt der chemischen Strukturen, die das Element bilden kann. Tatsächlich kann Kohlenstoff mehr Strukturen formen als alle anderen Elemente des Periodensystems zusammengenommen. Das ist sehr nützlich, wenn man etwas so Komplexes wie Leben basteln möchte. Damit sich aus Kohlenstoff ein Lebewesen bilden kann, muss dieser zuerst organische Verbindungen formen.

Wie diese entstanden sind, wissen wir seit den 1950ern, dank der Wissenschaftler Stanley Miller und

Harold Clayton Urey (Miller, 1959). Die beiden Forscher simulierten in einem Glaskolben eine Atmosphäre, wie sie auf der frühen Erde geherrscht haben muss: Wasser, Methan (Kohlenstoff), Wasserstoff und Ammoniak. Unwirtliche Bedingungen, wie man sie heute allenfalls in Sportumkleidekabinen und Laufschuhen vorfindet. Die beiden Herren setzten diese Mischung elektrischen Entladungen aus, um die in der jungen Atmosphäre häufigen Gewitterblitze zu simulieren. Am Boden des Kolbens befand sich ein simulierter Urozean, was eine reißerische Umschreibung für eine kleine Wasserlake ist. Tatsächlich spektakulär wurde es erst, als die Uratmosphäre ein paar Tage lang den elektrischen Entladungen ausgesetzt wurde. Die Flüssigkeit begann sich rosa zu verfärben, und als die Forscher sie untersuchten, entdeckten sie darin etwas Erstaunliches: organische Moleküle, die sich mithilfe der Blitzentladungen in der Uratmosphäre spontan gebildet hatten, darunter Zucker, Fettsäuren und Aminosäuren. Spätere Experimente mit abgewandelten atmosphärischen Bedingungen brachten noch weitere Bestandteile des Lebens hervor, unter anderem die Bausteine der Erbinformation. Seien Sie also dankbar, wenn Ihnen in der U-Bahn das nächste Mal ein dezenter Methangeruch in die Nase steigt – ohne ihn gäbe es weder Sie noch die U-Bahn.

Vielleicht hatte Luca neben dem rosa Urschleim sogar Starthilfe von außerhalb. In unserem Sonnensystem gibt es viele Gegenden, in denen Bedingungen herrschen, die organische Moleküle hervorbringen können.

Deshalb sind Meteoriten oft vollgepackt mit den Bausteinen des Lebens, obwohl sie selber sterile Brocken sind. In dem über 100 Kilogramm schweren Murchison-Meteorit, der 1969 in Australien niederging, fand man 70 verschiedene Arten von Aminosäuren, von denen man viele aus den heutigen Lebewesen kennt. Meteoriten, die während der Entstehung des Sonnensystems durch urzeitliche Staubwolken flitzten, konnten sich dabei mit organischen Stoffen anreichern. Das starke Asteroidenbombardement der frühen Erdgeschichte könnte somit als Kickstarter des Lebens gedient haben. Es gelangte dadurch nicht nur eine große Anzahl an zukünftigen Zellbestandteilen zur Erde, es wurden auch Unmengen an Wasser auf unseren Planeten gebracht. Aber nicht nur der Inhalt eines Meteoriten kann einen Beitrag zur Entstehung des Lebens leisten, sondern auch der Einschlag selbst. 2015 bastelten Wissenschaftler einen Meteoriten (Sugahara, 2015). Es war ein gefrorener Mischmasch aus Wasser, Aminosäuren und Silikaten, den sie auf -196° C abkühlten. Um einen Einschlag zu simulieren, beschossen sie die kosmische Schneekugel mit Projektilen. Durch den Aufprall haben sich die einzelnen Aminosäuren zu kurzen Ketten zusammengeschlossen, wie sie es auch in Zellen tun, um Proteine zu formen. Die Aufprallwucht an sich kann also dazu beitragen, dass komplexe organische Moleküle entstehen, ohne die es keine Biologie gäbe. Was der Ursuppe zum Leben noch fehlte, war eine Abgrenzung zur Außenwelt. Eine Außenmembran, die der von heutigen

Zellen ähnelt, bildet sich spontan, wenn amphiphile Moleküle auf Wasser treffen.

Anders, als es der Name vermuten lässt, hat Amphiphilie nichts damit zu tun, sich zu Fröschen hingezogen zu fühlen. Das Wort beschreibt Substanzen, die stark mit Wasser wechselwirken, aber auch einen fettlöslichen Teil besitzen. Dazu zählen zum Beispiel die Phospholipide, aus denen die Membran Ihrer Körperzellen besteht. Auch aus dem Murchison-Meteorit wurden amphiphile Moleküle isoliert, von denen man zeigen konnte, dass sie bei Wasserkontakt spontan membranartige Strukturen formen.

Es waren also alle Zutaten für die Entstehung des Lebens vorhanden. Ist das Rätsel um unsere Herkunft damit gelöst? In Ihrer Küche sind vermutlich alle Zutaten für einen leckeren Marmorkuchen vorhanden, aber beobachten Sie einmal, ob sich daraus spontan ein Meisterwerk der Backkunst bildet. Sie werden enttäuscht sein, denn der Marmorkuchen ist ein elegantes Endprodukt. Aber vielleicht kippt irgendwann einmal eine Milchpackung in die Mehldose und formt etwas, das als primitiver Kuchen-Vorgänger durchgehen könnte. Die Lebewesen, die Sie heute kennen, sind das Produkt einer Jahrmilliarden andauernden Entwicklung. Zufällige genetische Mutationen, gepaart mit dem gnadenlosen Überlebenskampf, der nur den besten Varianten die Paarung erlaubt, sind ein unaufhaltsamer Optimierungsprozess. Dadurch kann aus einer primitiven Molekülansammlung nach langer Zeit etwas so

Kompliziertes entstehen wie der blutrünstige Hund meiner Tanten.

Damit Evolution überhaupt stattfinden kann, muss die erste Lebensform eine entscheidende Fähigkeit besessen haben: Sie konnte sich vermehren. Bei modernen Zellen ist das ein aufwendiger Prozess. Die Erbinformation moderner Zellen besteht aus nur vier Buchstaben: A, T, G, C. Kein berauschender Wortschatz, daneben ist Hodor aus Game of Thrones ein wahrer Poet. Erstaunlich, dass vier Buchstaben ausreichen, um einen ganzen Menschen zu codieren. Auf der anderen Seite reichen einem Computer zwei Symbole – 0 und 1 –, um Katzenvideos in Full HD abzuspielen. Eine menschliche Zelle besitzt rund drei Milliarden dieser Buchstaben. Damit die Erbinformation nicht funktionslos herumliegt, müssen Blaupausen von DNA-Abschnitten, den sogenannten Genen, angefertigt werden. Man nennt diese Blaupausen RNAs, sie werden später in Proteine umgeschrieben, die dann verschiedenste Aufgaben in der Zelle übernehmen. Das Standardschema ist also DNA (Erbinformation) – RNA (Blaupause) – Protein.

RNA – als Erstes da

Auf den ersten Blick scheint RNA lediglich die Rolle des Vermittlers einzunehmen. Wie ein Postbote transportiert sie Kopien einzelner Gene aus dem Zellkern heraus, damit aus ihnen Proteine entstehen können. Das klingt ziemlich unspektakulär, aber wer sich gerne Liebesdramen ansieht, weiß, dass es Postboten oft faustdick hinter den Ohren haben. Auch RNA treibt mehr Schabernack, als man ihr anfangs zugetraut hat. Zum Beispiel kann sie selbst als Erbinformation dienen. Das wissen wir dank bestimmter Viren, die ihr Erbmaterial nicht in DNA, sondern in RNA niedergeschrieben haben. Dazu zählen unter anderem Rhinoviren, die regelmäßig nachfragen, wie es unseren Rotzdrüsen geht, indem sie uns einen kräftigen Schnupfen verpassen.

In menschlichen Zellen übernimmt RNA auch verschiedenste Funktionen. Sie übermittelt nicht nur die Information der Gene, sondern schreibt sie höchstpersönlich in Proteine um. Ribosomen, die Bestandteile der Zelle, die Proteine zusammenbasteln, bestehen nämlich selbst aus RNA. Ein wahrer Alleskönner eben, der MacGyver der Makromoleküle. Man geht davon aus, dass die erste Lebensform aus nicht viel mehr bestanden hat als aus einer Membran, in der eine Sequenz aus RNA eingeschlossen wurde. Diese RNA war in der Lage, sich selbst zu kopieren. Ein ursprüngliches Verhalten, auf das man bis heute stößt, wenn sich betrunkene Wissenschaftler auf der Weihnachtsfeier mit blankem Hintern auf den Kopierer setzen. Aber kann eine RNA so etwas tatsächlich im Alleingang schaffen?

Dem amerikanischen Biochemiker Gerald Francis Joyce ist es 2009 gelungen, zwei RNA-Stränge herzustellen, die sich gegenseitig vervielfältigten (Lincoln, 2009). Dazu brauchten sie weder Proteine noch andere Be-

standteile heutiger Zellen, sondern lediglich eine Ursuppe aus RNA-Bestandteilen. Die Buchstabenabfolge
der beiden RNAs wurde dabei nicht von den Forschern
festgelegt, sondern entstand aus einem Evolutionsexpe-
riment, in dem mehrere RNAs im Überlebenskampf
miteinander konkurrierten, wobei sich die Buchstabenabfolge der RNAs im Laufe des Experiments veränderte.
Wenn Sie in der Großvaterkette weit genug zurückge-
hen, würden Sie vermutlich auf vergleichbare RNAs
stoßen, die Ihnen erzählen, dass früher alles besser war,
als man sich noch selbst vermehren konnte.

Der jungen Erde hat es also an nicht viel gefehlt. Proteine und die Bausteine von Zellmembranen waren vorhanden. Auch RNA konnte sich unter den Bedingungen
der Ursuppe aus einfachen Molekülen bilden. Es ist zu
erwarten, dass gelegentlich RNA eingeschlossen wurde,
wenn sich Membranen spontan formten. Dass auf diese
Art eine primitive, sich selbst vermehrende Zelle entsteht, klingt sehr unwahrscheinlich. Ist es auch, man
muss aber bedenken, dass die Erde eine unvorstellbar
lange Zeitspanne zur Verfügung hatte, um auf einer unvorstellbar großen Oberfläche eine solche Zelle hervorzu-
bringen. In diesem Kontext wird es sehr wahrscheinlich,
dass sehr unwahrscheinliche Dinge irgendwo einmal
passieren. Immerhin werden auch täglich Dutzende
Menschen vom Blitz getroffen, und irgendwo auf der
Welt erstickt gerade ein blindes Huhn an einem Korn.

RNA ist nicht besonders stabil und neigt dazu, ihre
Buchstabenabfolge zu verändern. Zellen, deren Erb-

information aus RNA besteht, würden deshalb sehr schnell sehr unterschiedlich werden. Ändert sich die Buchstabenfolge auf eine Weise, die sich positiv auf die Vermehrung auswirkt, werden diese Zellen die anderen überwachsen. Damit hatte die Evolution endlich begonnen, und man konnte erstmals von Biologie sprechen. Im Laufe der Zeit, als die Zellen komplizierter wurden, ist die Aufgabe der langfristigen Informationsspeicherung von RNA auf DNA übertragen worden. Obwohl die beiden Moleküle chemisch fast ident sind, ist DNA deutlich stabiler und deshalb besser für den Job geeignet. Proteine wurden hergestellt, um komplizierte Aufgaben zu übernehmen, zu denen RNA selbst nicht in der Lage ist. Manche Zellen haben andere Zellen in sich aufgenommen. Dadurch entstanden interne Unterteilungen, die unterschiedliche Aufgaben übernehmen konnten, beispielsweise der Zellkern, der sich um die DNA kümmert, oder die Mitochondrien, die für die Energiegewinnung zuständig sind. Lange Zeit dominierten diese Einzeller das Weltgeschehen. Doch als die ersten Zellen merkten, dass einem Kooperation Vorteile gegenüber der Konkurrenz verschafft, bildeten sich mehrzellige Organismen, und die Komplexität des Lebens explodierte. Das Resultat sind Sie, ich und jede Lebensform, die wir heute mit freiem Auge bestaunen können. Wir sind ein gut organisierter Haufen von Einzellern, der sich zu einer großen Party zusammengefunden hat.

Ur viele Urzellen?

Woher wissen wir aber, dass das Leben nur einen Ursprung hat? Könnten nicht mehrere Urzellen unabhängig voneinander entstanden sein? Kann man sich einreden, von einer anderen Urzelle abzustammen als der Hund, der einem ständig in den Garten macht? In manchen Eigenschaften sind sich alle Lebewesen dieser Welt so ähnlich, dass es dafür keine andere Erklärung zu geben scheint als einen gemeinsamen Ursprung. Der Biochemiker Douglas Theobald hat Proteinsequenzen von unterschiedlichen Spezies miteinander verglichen und berechnet, dass ein gemeinsamer Ursprung aller Lebewesen mindestens 10^{2860}-mal so wahrscheinlich ist wie andere denkbare Szenarien, beispielsweise mehrere, unabhängig voneinander entstandene Urzellen (Theobald, 2010). Das ist eine Wahrscheinlichkeit von 1, dividiert durch eine Zahl mit 2860 Nullen. Zum Vergleich – die Wahrscheinlichkeit, alle sechs richtigen Lottozahlen zu tippen, beträgt 1, dividiert durch eine Zahl mit nur sechs Nullen. Es gibt also gute Gründe, Vertrauen in unsere gemeinsame Abstammung zu haben. Für mich ist dieses Wissen eines der schönsten Geschenke, das uns die Biologie gemacht hat. Wir wissen nun, dass wir gemeinsame Vorfahren mit jedem Affen, jedem Vogel, jedem Pilz, jeder Pflanze und sogar jedem Darmbakterium haben, mit dem wir diesen Planeten teilen. Das war zu Darwins Zeiten ein ziemlicher Schock. Aber wer sich gerne Realityshows ansieht, merkt, dass unsere Abspaltung von den Einzellern erdgeschichtlich noch nicht so lange zurückliegt.

Wir werden vermutlich nie mit Sicherheit sagen können, wie die erste Zelle tatsächlich zustande kam. Aber die Tatsache, dass wir Modelle aufstellen können, die zum Teil experimentell überprüfbar sind und einen plausiblen Übergang von unbelebter zu belebter Materie beschreiben, sollte uns ein wenig stolz machen. Wir sind die ersten Säugetiere, denen das gelungen ist. Um dieses Buch in vollen Zügen genießen zu können, sollten wir uns noch ein wenig über diese DNA unterhalten, die in unseren Zellen wohnt. Sie wissen schon, dieser A,T,G,C-haltige Doppelstrang, der bestimmt, ob Ihnen mit Ende 30 die Haare ausfallen. In fast allen Zellen Ihres Körpers befindet sich Ihre gesamte Erbinformation, mit ein paar kleinen Ausnahmen wie den roten Blutkörperchen (Sauerstofftransport), den Blutplättchen (Blutgerinnung) und den Zellen in den Linsen Ihrer Augen (Fernsehen). Damit der DNA-Faden in unsere Zellen passt, muss er sehr stark zusammengewickelt werden. Würde man diesen Strang aus einer Zelle herausholen und entwirren, wäre er rund zwei Meter lang. Das klingt nach einer überschaubaren Menge an Erbinformation, aber auf diesen zwei Metern stehen rund drei Milliarden Buchstaben geschrieben! Können Sie sich darunter etwas vorstellen? ATGTCGTGATGCTGCCGTAATG... Ich erspare Ihnen den Rest, es würde nämlich 50 Jahre dauern, um den gesamten DNA-Strang laut vorzulesen, und so viel Zeit haben Sie heute Abend vermutlich nicht.

Konservativ geschätzt besteht Ihr Körper aus etwa 10.000.000.000.000 (10 Billionen) Zellen. Jetzt können Sie mit Ihrem Mathematikwissen glänzen.

10 Billionen Zellen × 2 Meter DNA = 20 Milliarden Kilometer Erbinformation. Der Abstand zwischen Sonne und Erde beträgt rund 150 Millionen Kilometer. Haben Sie Ihren Taschenrechner griffbereit? Ausgerollt reicht die DNA Ihres Körpers rund 130-mal von der Erde bis zur Sonne! Das ist länger als die Liste von Charlie Sheens Sexualpartnerinnen.

Ähnlich wie die Buchstaben in diesem Buch nur sinnvoll sind, wenn sie Worte formen, bilden die Buchstaben Ihrer DNA einzelne Gene, die abgelesen werden. Insgesamt haben wir rund 21.000 davon, wobei die meisten ein paar Tausend Buchstaben lang sind. Das klingt erstaunlich, ist in den Augen des Wasserflohs *Daphnia pulex*, mit seinen 31.000 Genen, aber wenig beeindruckend. Wie komplex ein Organismus ist, liegt also nicht bloß an der Anzahl seiner Gene, sondern vor allem daran, was diese machen und wie sie reguliert werden. Sobald von einem Gen eine RNA-Kopie gemacht wurde, kann daraus entweder ein Protein hergestellt werden, oder die RNA selbst übernimmt eine aktive Funktion. Auf molekularer Ebene wird das Ganze dann sehr schnell sehr kompliziert, aber was am Ende dabei herauskommt, sind all die netten Lebewesen, die uns auf dieser Welt Gesellschaft leisten. Das folgende Kapitel ist ein Tribut an den wunderbaren Prozess, der diese Vielfalt an Zeitgenossen hervorgebracht hat: das Liebesspiel.

2. Kapitel

Liebe, Gene, Streichelroboter

Haben Sie den Film *Findet Nemo* gesehen? Die Abenteuer des orange-weißen Clownfischs? Fakt: Sterben einer Clownfischpopulation die Weibchen weg, verwandelt sich das größte, dominanteste Männchen in eine Lady. Warum ändert ausgerechnet das Machomäßigste Männchen sein Geschlecht? Hat es sich von Anfang an nur so übertrieben männlich verhalten, um seine sexuellen Unsicherheiten zu verbergen, und blüht nach dem Geschlechterwandel so richtig auf? Wird es eine *Findet Nemo*-Fortsetzung mit dem Titel *Findet Nemo seine sexuelle Identität?* geben? Schwer zu sagen, das Thema Sexualität ist sehr kompliziert. Was die Geschlechterrollen betrifft, scheint die Natur manchmal selbst verwirrt zu sein. Denken Sie zum Beispiel an *Rudolph, the Red-Nosed Reindeer*. Sie wissen schon, das Rentier mit dem prächtigen Geweih und der rot-glühenden Säufernase, das jede Weihnacht Santas Schlitten ziehen muss. Rentiere sind die einzige Hirschart, bei der auch die Weibchen ein Geweih tragen. Allerdings werfen sie es im Frühjahr ab. Die Männchen lassen es sogar bereits im Herbst fallen. Ein Rentier, das im Winter ein Geweih trägt, muss demnach weiblich sein, was den Namen Rudolph ziemlich untypisch erscheinen lässt. Die Erklärung liegt auf der Hand, Santas kleiner Helfer ist ein als Weibchen geborenes Transgender-Rentier. Mir soll es recht sein, Hauptsache, ich bekomme meine Geschenke.

In der Natur ist alles erlaubt, was der Fortpflanzung zugutekommt. Der Paarungsdrang ist uns besonders tief ins Genom gemeißelt. Aus Sicht der Evolution ist eine Spezies dann erfolgreich, wenn sie viele Kinder auf die Welt bringt und diese so lange gesund hält, bis sie selbst Kinder zeugen können. Sexuelle Anziehung motiviert uns zur Fortpflanzung, und Liebe hält zwei Menschen zusammen, damit sie sich um den Nachwuchs kümmern. Das hört sich prinzipiell sehr einfach an. Bis man in die Pubertät kommt.

What is love?

Baby don't hurt me. Don't hurt me. No more.
Liebe ist das unangefochtene Thema Nr. 1 in Popsongs. Vermutlich, weil es sich einfach verdammt gut anfühlt, verliebt zu sein. Es gibt zwar viele andere Dinge, die sich ebenfalls toll anfühlen, aber wer möchte schon Lieder übers Kacken hören? Ganz zu schweigen von den fragwürdigen Groupies, die man damit anlocken würde. Wir sind das Resultat einer ungebrochenen, Milliarden Jahre andauernden evolutionären Erfolgskette. Die Liebe soll uns dazu motivieren, diese Kette fortzusetzen und die Zwerge möglichst gut auf die Welt vorzubereiten. Aber warum fühlt sich das so verdammt gut an? Drogen.

Drogen können einen ziemlich fertigmachen. Das versucht man schon den ganz Kleinen zu vermitteln. In den 1990ern wurden Bleistifte mit der Aufschrift TOO COOL TO DO DRUGS hergestellt. Sie wurden ziemlich

bald wieder vom Markt genommen, nachdem ein zehn-
jähriger Schüler festgestellt hatte, dass sich die Botschaft
beim ausgiebigen Spitzen des Stifts verändert:

TOO COOL TO DO DRUGS
COOL TO DO DRUGS
DO DRUGS
DRUGS

Man hätte den Stift problemlos an den Schulen lassen
können, wenn man klargemacht hätte, dass damit kör-
pereigene Drogen gemeint sind. Immerhin sind sie die
zugrunde liegende Motivation hinter allem, was wir
tun. Die Natur hat uns so gebaut, dass evolutionär
sinnvolles Verhalten unser Gehirn mit Glückshormonen flutet. Man ist also nicht süchtig nach Omas unge-
schlagenen Marmorkuchen, sondern nach den Hormonen, die unser Gehirn nach dem Festmahl ausschüttet.
Liebe wirkt auf unser Gehirn ähnlich wie Kokain. Im
Nucleus accumbens, dem Lustzentrum unseres Denkorgans, wird der Schwellenwert herabgesetzt, bei dem
Neuronen feuern. Jede Erfahrung, die wir machen,
wird dadurch positiver wahrgenommen. Musik klingt
plötzlich mitreißender, die Sonne auf der Haut fühlt
sich besser an und das Kantinenessen löst weniger
Brechreiz aus als gewohnt. Gleichzeitig feuern Neuronen, die für das Schmerzempfinden zuständig sind,
weniger. Das nächste Mal, wenn Ihre kleine Zehe die
Bettkante küsst, schauen Sie sich also schnell das Bild

einer angehimmelten Person an. Aber tun Sie das nicht zu oft, sonst assoziieren Sie Ihren Schwarm irgendwann mit Schmerzen, was gewöhnlich eine langjährige Ehe voraussetzt. Man kann die gegenseitige Anziehung in drei Stadien einteilen, die uns mit unterschiedlichen Hormonen zudröhnen.

Phase 1: Lust

Es dauert nur 200 Millisekunden, um zu entscheiden, ob wir jemanden sexy finden oder nicht. Selbst mit einem Röntgenblick würde man da nicht viel von den inneren Werten mitbekommen. Aber um die kann man sich ja später noch kümmern. Jetzt hat es Priorität, den Körper auf unheilige Dinge vorzubereiten. Dabei helfen uns die beiden Klassiker unter den Sexualhormonen: Testosteron und Östrogen.

Testosteron: Trotz seines Rufs als typisch männliches Hormon verstärkt Testosteron den Sexualtrieb bei beiden Geschlechtern. Es steigert das Verlangen nach Sex und wird vermehrt ausgeschüttet, wenn man sich an die Wäsche geht. Die Folge ist ein perfekter Kreislauf: Je mehr Sex man hat, desto mehr Sex will man haben. Männer schütten besonders viel Testosteron aus, wenn sie den Geruch von Frauen wahrnehmen, die gerade in der fruchtbaren Phase ihres Zyklus sind.

Östrogen: Östrogene sind die wichtigsten weiblichen Sexualhormone. In der fruchtbaren Phase des Zyklus schüttet die Frau besonders viel davon aus, wodurch sich der Sexualtrieb verstärkt. Man vermutet mittlerweile, dass Östrogen auch den Sexualtrieb von Männern verstärken kann.

Phase 2: Anziehung

Jetzt ist man wirklich hardcore verliebt, und die rosarote Brille, durch die man die Welt sieht, passt auch gut auf die Nase. Man denkt pausenlos an den potenziellen Lebensabschnittspartner. Das verwirrte Herz beginnt zu rasen, die Haut errötet und die Hände warten auf den unpassendsten Moment, um zu schwitzen.

Dopamin: Es reicht bereits, ein Bild unseres Schwarms zu sehen, schon geht der *Area tegmentalis ventralis* eine Ladung Dopamin ab. Diese Hirnregion sitzt ziemlich genau zwischen unseren Ohren und schüttet den allseits beliebten Neurotransmitter aus, wenn sie verliebt ist. Dopamin erzeugt Euphorie und wirkt im Gehirn ähnlich wie Kokain. Die dopamintrunkenen Turteltäubchen zeigen deshalb kokaintypisches Verhalten: mehr Energie, unterdrückter Hunger, besseres Konzentrationsvermögen und weniger Schlafbedarf.

Norepinephrin: Der Körper schaltet in den Fight-or-flight-Modus. Das Herz beginnt zu rasen, man fühlt sich aufgeregt, die Gedächtnisleistung steigt und die Wahrnehmung der Zeit wird verändert.

Serotonin: Der Neurotransmitter Serotonin schenkt uns ein Gefühl von Gelassenheit und von innerer Ruhe. Bei Verliebten reduziert es sich allerdings auf ein Level, das man sonst nur von Patienten mit Zwangsstörungen kennt. Anders ausgedrückt – man muss die ganze Zeit an den anderen denken. Es gibt Fälle, in denen Serotonin-level-erhöhende Medikamente verwendet wurden, um krankhaft ausufernde Verliebtheit in den Griff zu be-kommen.

Phase 3: Bindung

Der anfängliche Hormoncocktail legt sich allmählich und weicht dem wohligen und nachhaltigeren Gefühl von Oxytocin und Vasopressin. Man vermutet, dass die beiden Hormone für die Reduktion von Dopamin und Norepinephrin verantwortlich sind. Das würde erklä-ren, warum die Leidenschaft mit der Zeit nachlässt, die gegenseitige Bindungsstärke aber zunimmt.

Vasopressin: Das »Monogamie-Hormon« wird wäh-rend sexueller Erregung ins Blut abgegeben. Seine Rolle wurde als Erstes in der monogamen Präriewühlmaus analysiert. Die Tiere sind sich ein Leben lang treu, was ihnen bei einer Lebenserwartung von nur zwei Jahren nicht allzu schwerfallen dürfte. Die verliebten Wühl-mäuseriche reagieren sehr aggressiv auf Rivalen, die ih-rer Liebsten zu nahe kommen. Blockiert man ihr Vaso-pressin, kümmern sie sich nicht weiter darum, wenn ein Konkurrent ihre Angebetete anbaggert. Sie laufen dann lieber selbst anderen Wühlmaus-Ladys hinterher.

Oxytocin: Das »Kuschelhormon« wird vor allem bei zärtlichen Berührungen und Orgasmen ausgeschüttet. Es stärkt die zwischenmenschliche Bindung und das Vertrauen zum Partner. Jetzt wäre ein guter Zeitpunkt, um Kinder in die Welt zu setzen!

Dieser Super-GAU der Hirnchemikalien macht uns süchtig danach, Zeit mit dem/der Geliebten zu verbringen, um den nächsten Schuss zu bekommen. Oft hört man Menschen jammern, wenn die ersten beiden Phasen, Lust und Anziehung, abnehmen. Meistens ist das nach spätestens zwei bis drei Jahren Beziehung der Fall. Vermutlich würden wir in unserem Leben aber nicht besonders viel zustande bringen, wenn wir ständig frisch verliebt herumlaufen müssten. Mit der Liebe verhält es sich nämlich wie mit anderen Suchtmitteln auch. Es ist nett, gelegentlich ein paar Bierchen mit Freunden zu trinken, aber wenn man jeden Tag wankend durchs Leben zieht, wollen die Freunde bald nichts mehr mit einem zu tun haben.

Bussi, Bussi

Valentinstag 2013 in Thailand. Ein 44-jähriger Wachmann namens Ekkachai und seine 33-jährige Angebetete Laksana sehen sich tief und lange in die Augen. Romantische Geigenmusik spielt im Hintergrund. Verlegen neigt Ekkachai seinen Kopf nach rechts. Es kommt zu einem langen, innigen Kuss. Nach zehn Sekunden haben die beiden durch ihren Speichel rund 80 Millionen Bakterien ausgetauscht. Doch das reicht ihnen nicht. Sie küssen sich weiter. Stunden vergehen. Laksana muss auf die Toilette. Sie gehen gemeinsam in die Kabine, um den Kuss nicht enden lassen zu müssen. 58 Stunden,

35 Minuten und 58 Sekunden später können sich die beiden endlich voneinander lösen. Sie wischen sich die Spucke aus dem Gesicht, freuen sich über das Preisgeld und den Eintrag in das Guinness Buch der Rekorde für den längsten Kuss der Welt. Im Durchschnitt verbringt jeder Mensch etwa 14 volle Tage seines Lebens küssend. Damit haben die beiden Rekordhalter bei der Aktion rund 17 Prozent ihres lebenslangen Kussvorrates aufgebraucht.

Warum tut man sich das an? Knutschen gehört zu den Dingen, die nur so lange toll sind, bis man anfängt darüber nachzudenken. Dann wirkt die prickelnde Speichel- und Bakterien-Austauschaktion schnell ekelhaft. In circa zehn Prozent aller menschlichen Kulturen küssen sich die Menschen nicht. In Teilen des Sudan glaubt man beispielsweise, dass der Mund die Pforte zur Seele ist, und lässt ihn deshalb lieber geschlossen. In anderen Gegenden hat man vermutlich bloß zu viel darüber nachgedacht und beschlossen, den Blödsinn bleiben zu lassen. Wenn Sie noch nicht zu diesem erlesenen Personenkreis von Nicht-Küssern gehören, machen Sie bitte folgendes Experiment: Stellen Sie sich bildhaft vor, Ihnen gegenüber würde die Person Ihrer wildesten Träume sitzen. Spannung liegt in der Luft, und Sie beschließen, es zu riskieren. Langsam schließen Sie die Augen und neigen Ihren Kopf zur Seite. Halt, nicht weiter! Auf welche Seite haben Sie Ihren Kopf geneigt? Auf die rechte? Dann gehören Sie zu den zwei Dritteln aller Menschen, die den Kopf beim Küssen nach rechts neigen. Vermutlich zählen Sie dann auch zu den 80 Prozent der Leute, deren Mutter mit der linken Brust gestillt hat. Dadurch haben Sie von klein auf gelernt, sich bei oraler Lippenstimulation mit nach rechts geneigtem Kopf besonders geborgen zu fühlen. Laut dieser gängigen Interpretation ist Ihr Kussverhalten bloß eine unbewusste Konsequenz von Muttis säugender Brust. Gratulation, ich habe Ihnen soeben das Küssen abtrainiert! Selber schuld, wenn Sie dieses Buch gekauft haben, Geld zurück gibt es nicht.

Aber keine Angst, es gibt trotzdem gute Gründe, um weiterhin zu knutschen. Ignorieren Sie dabei einfach das Bild von der Brust Ihrer Mutter im Kopf, die tut Ihnen nichts. Häufiges Küssen reduziert nicht nur Ihre Stresshormone, sondern auch Ihr schlechtes Cholesterin. Außerdem ist es romantisch, denn je länger man in einer Beziehung ist und je häufiger man sich küsst, desto ähnlicher wird die Bakterienzusammensetzung auf der Zunge beider Partner. Küssen verbindet zwei Menschen also nicht nur emotional, sondern auch bakteriell.

Falls Sie gerade niemanden zum Knutschen parat haben, erlauben Sie mir, Ihnen drei naturwissenschaftlich fundierte Flirttipps nahezulegen, mit denen garantiert jeder Aufriss gelingt!

Tipp 1: Anstarren

Vermutlich ist Ihnen bereits aufgefallen, dass es nicht besonders sexy ist, nervös in der Gegend umherzusehen. Ein tiefer Blick in die Augen des Gegenübers ist da schon deutlich erotischer. Allerdings sollten Sie es mit dem Augenkontakt auch nicht übertreiben, sonst müssen Sie den penetranten Blick spätestens dann abwenden, wenn Ihr potenzieller Partner das Pfefferspray zückt, weil er Sie für einen Psychopathen hält. Es bedarf einer gewissen Menschenkenntnis, um die ideale Zeitdauer des Augenkontakts einzuhalten. Aber für diejenigen, die es mit der Menschenkenntnis nicht so haben, gibt es immer noch die Wissenschaft. Forscher haben die ideale Blickdauer nämlich unlängst ermittelt (Binetti, 2016). Dazu holten sie sich rund 500 Teilnehmer an ihr Institut. Ihnen wurde ein Video vorgespielt, in dem sie von einer Schauspielerin mehrfach unterschiedlich lange angesehen wurden. Dabei sollten die Teilnehmer einen Knopf drücken, wenn sie die Blickdauer als unangenehm lange oder kurz wahrnahmen. Darüber hinaus beobachteten die Forscher die Pupillen der Probanden mit Messgeräten.

Dadurch konnte die beliebteste Blickkontaktlänge ermittelt werden: 3,3 Sekunden plus/minus 0,7 Sekunden. Üben Sie das ruhig vor einem Spiegel, viel länger oder kürzer sollten Sie Ihr Gegenüber nicht ins Visier nehmen. Wer es ganz genau wissen möchte, kann zusätzlich auf die Pupillen des Gegenübers achten. Je schneller sich die Pupillen weiten, desto länger darf man dieser Person in die Augen schauen, ohne unangenehm aufzufallen. Dieser Effekt dürfte ohne spezielle Kameras aber nicht feststellbar sein und ich rate davon ab, bei Ihrem ersten Date eine Kamera auf den Tisch zu stellen, um Casting-Couch-Assoziationen zu vermeiden.

Tipp 2: Stinken

Dass Körpergeruch den Beziehungsstatus beeinflussen kann, ist weitgehend bekannt. Wenn Sie daran zweifeln, meiden Sie vor Ihrem nächsten Date eine Woche lang die Dusche. Sie werden schneller wieder durch Tinder wischen, als es Ihnen recht ist. Körpergeruch kann bei der Partnersuche der schlimmste Feind sein, aber auch ein guter Freund.

Zwei Schweizer Forscher gaben 121 Versuchspersonen sechs T-Shirts, die zuvor von Männern oder Frauen getragen wurden (Wedekind, 1997). Die Teilnehmer hatten das liebliche Vergnügen, an den getragenen T-Shirts zu riechen. Dabei sollten sie festhalten, wie anziehend oder abstoßend sie den Geruch fanden. Um das Ganze noch angenehmer zu gestalten, mussten die tapferen Versuchspersonen Blutproben abgeben.

Die Forscher zeigten ein spannendes Phänomen: Man fühlt sich zum Körpergeruch von Leuten hingezogen, deren Immunsystem sich stark vom eigenen unterscheidet. »Ich stinke gar nicht, ich habe nur andere Immunzellen«, ist also eine legitime Ausrede, wenn man zu faul war, sich zu waschen. Interessanterweise war der Effekt nicht geschlechtsspezifisch. Männer nahmen sowohl den Geruch von Frauen als auch den von anderen Männern als angenehmer wahr, wenn das Immunsystem des T-Shirt-Trägers besonders unterschiedlich zum eigenen war. Für Frauen galt das gleiche Prinzip. Aber wie kann man das Immunsystem von jemandem erschnüffeln? Unser Körpergeruch hängt zum Teil von unseren MHC-Molekülen ab. Die kleinen Dinger sitzen auf der Oberfläche von Immunzellen und anderen Körperzellen. Sie sind dafür zuständig, das Immunsystem gegen Krankheitserreger mobil zu machen, indem sie kleine Stücke der Eindringlinge anderen Immunzellen präsentieren und ihnen somit zeigen, nach welcher Gefahr sie Ausschau halten sollen. Nicht mehr gebrauchte MHC-Moleküle werden von der Zelloberfläche abgestoßen und in Körperflüssigkeiten wie Speichel, Urin und Schweiß abgegeben. Es sieht so aus, als würde man den Geruch dieser Moleküle unbewusst wahrnehmen können. Bei der Partnerwahl bevorzugen wir Menschen, deren MHC-abhängiges Geruchsprofil sich stark von unserem eigenen unterscheidet. Das führt zu einer größeren MHC-Vielfalt im Nachwuchs, die sich positiv auf das Immunsystem auswirkt.

Andere Studien haben gezeigt, dass verheiratete Paare unterschiedlichere MHC-Typen besitzen, als es bei einer rein zufälligen Partnerwahl zu erwarten wäre (Ober, 1997). Frischer Schweiß stinkt nicht und kann Menschen mit passendem Immunsystem anziehen. Übertreiben Sie es also nicht mit dem Deodorant.

Sollte das mit dem Schwitzen trotzdem nicht so Ihr Ding sein, können Sie auch die Light-Variante wählen. Israelische Forscher haben in einem Versuch Menschen heimlich gefilmt, während man ihnen die Hand zur Begrüßung gegeben hat (Frumin, 2015). Dabei hat sich gezeigt, dass Menschen gerne an der eigenen Hand riechen, nachdem sie damit eine andere geschüttelt haben.

Das klingt nicht nach den feinsten Manieren, auch wenn es unbewusst geschieht. Der Schnüffel-Check tarnt sich deshalb meistens als ein Kratzen im Gesicht oder ein Reiben an der Nase. Wurden die Versuchsteilnehmer stattdessen nur mit Worten begrüßt, blieb die Hand dem Gesicht eher fern. Es scheint, als würden wir einen ordentlichen Händedruck zu einem chemischen Hallo umfunktionieren, um mehr über unser Gegenüber zu erfahren.

Tipp 3: Viel Spucke

Lassen Sie sich bloß nicht einreden, beim ersten Kuss nicht viel Spucke einzusetzen. Je mehr, desto besser, denn Spucke ist sexy. Auch sie verrät uns etwas über das Immunsystem des Partners. Helen Fisher (nicht zu verwechseln mit Helene Fischer) ist die derzeit populärste amerikanische Anthropologin. Sie geht davon aus, dass Spucke noch viel mehr kann, als grauslich zu sein. Im Speichel von Männern befindet sich Testosteron, das, wie bereits erwähnt, in der Lage ist, den Sexualtrieb in Männern und Frauen zu erhöhen. Das könnte erklären, warum die Herren der Schöpfung ihre Lippen oft staubsaugerartig über den Mund ihrer Liebsten stülpen. Männer küssen häufig mit offenerem Mund und sind dabei auch, was den Speichel betrifft, großzügiger als die Damen. Fisher meint, das könnte an dem unbewussten Versuch liegen, Testosteron an die Frau zu übertragen, um ihren Paarungswillen zu steigern.

Wenn Sie trotz optimalem Blickkontakt, intensivem Schwitzen und mit ungebremstem Speichelfluss immer noch Schwierigkeiten bei der Partnersuche haben, ist noch nicht alles verloren. Immerhin gibt es noch Online-Dating. Da bekommen die Leute Ihre wissenschaftlich fundierten Macken erst mit, wenn es zu spät ist.

Wissenschaftlich online-daten

Forscher sind der Mittelpunkt auf jeder Party. In ihren Köpfen ist so viel spannendes Wissen gebunkert, dass ihnen nie der Gesprächsstoff ausgeht. Vom nächtelangen Pipettieren wächst nicht nur das Wissen der Menschheit, sondern auch der Bizeps des Doktoranden. Meistens hat man als Wissenschaftler also keine Probleme damit, beim anderen Geschlecht zu punkten. Trotzdem treiben sich Forscher gelegentlich auf Partnervermittlungsplattformen herum – aus rein wissenschaftlichem Interesse, versteht sich. Manche von ihnen schreiben dann sogar eine Forschungsarbeit über ihre Dating-Abenteuer. Dieses Wissen ist dann bunt verstreut in der Fachliteratur der Psychologie, Soziologie, Verhaltens- und Neurowissenschaft zu finden. Anfang 2015 haben sich Forscher endlich mal die Mühe gemacht, den Sauhaufen aufzuräumen. Dazu wurde eine Übersichtsarbeit über die gesamte Online-Dating-Fachliteratur geschrieben, die erklärt, wie man eine Online-Bekanntschaft am effektivsten zu einem Treffen verleitet (Khan, 2015).

Die ersten zwei Punkte sind wenig überraschend: witzig sein und ein attraktives Profilbild haben. Toll, gut investiertes Forschungsgeld! Manches ist aber weniger naheliegend. Beispielsweise sollte man einen Benutzernamen wählen, der mit einem Buchstaben aus der ersten Hälfte des Alphabets beginnt. A bis M erhöht die Chance auf ein Treffen. Also:

Martin1988 → guter Benutzername
Stinker69 → schlechter Benutzername

Beim Ausfüllen des eigenen Profils bewährt sich ein 70:30-Verhältnis. 70 Prozent Dinge über die eigene Person, 30 Prozent Beschreibung, nach was man sucht. Auf dem Profilbild empfehlen sich ein aufrichtiges Lächeln und ein leicht geneigter Kopf. Und wenn ein Gruppenfoto gezeigt wird, auf dem andere Menschen um einen herum Spaß haben, kommt das auch nicht schlecht an. Besonders, wenn man im Zentrum des Bildes zu sehen ist. Die Forscher haben außerdem gefunden, dass Frauen potenzielle Partner als attraktiver wahrnehmen, wenn sie sehen, dass diese von anderen Frauen angelächelt werden. Die erste Nachricht sollte kreativ und personalisiert sein. Dabei denken die Wissenschaftler zum Beispiel an einen Reim, der sich auf den Benutzernamen des Gegenübers bezieht.

Liebe Annelor, hast du heute schon was vor?
Ich hab die längste Publikationsliste in meinem Labor <3

Die Liebeslanze

Männer haben den größten Penis aller Primaten. Yeah, Krone der Schöpfung und so weiter.

Bevor jetzt eine vor Stolz triefende High-Five-Welle ausbricht, sollten ein paar Dinge erwähnt werden.

1. Blauwal-Penisse werden bis zu 3 Meter lang.
2. Der korkenzieherförmige Penis der Argentinischen Ruderente ist mit Stacheln besetzt und länger als das Tier selbst.
3. Die Ruderwanze *Corixa punctata* singt, indem sie ihren Penis an ihrem Bauch reibt, wodurch sie das lauteste Tier der Welt, relativ zur Körpergröße, ist. Letztlich besteht der sanfte Klang der Natur aus nichts anderem als Millionen von Tieren, die verzweifelt nach Sex rufen.
4. Argonauten sind achtarmige Tintenfische, deren Penis sich vom Männchen lösen kann, um mit einer winzigen Flosse zum Weibchen zu schwimmen. Dort treibt der Penis unsittliche Dinge, während sich das restliche Männchen zum Sterben verkriecht.
5. Zwittrige Flachwürmer wie der *Macrostomum hystrix* fechten mit ihren Penissen, die wie zweiköpfige Dolche aussehen. Sie versuchen sich gegenseitig mit ihren Gliedern durch die Haut zu stechen und dem Kampfpartner ihren Samen zu injizieren. Der Verlierer übernimmt die Mutterrolle, der Sieger wird stolzer Vater. Der wissenschaftliche Fachterminus dafür

lautet Traumatische Befruchtung. Wenn sich kein Partner finden lässt, spielt der ungezogene Flachwurm an sich selbst herum, sticht seinen Penis in den eigenen Kopf und bringt Klone zur Welt.

Kann Ihr bestes Stück so etwas? Nein. So toll ist unser Schwengel also nicht. Dann können wir uns jetzt ja alle wieder beruhigen, das Ego dort lassen, wo es hingehört, und wie erwachsene Menschen über den Penis sprechen.

Es ist nicht einfach, wissenschaftliche Daten über den Penis zu sammeln, vor allem, wenn man sich auf Fragebögen beruft. Viele Männer denken, sie wären überdurchschnittlich gut bestückt. Andere sind überzeugt, dass mit dem Lineal etwas nicht stimmt. Unbeugsame Forscher haben die Sache deshalb selbst in die Hand genommen (Veale, 2015). Es ist an der Zeit, die harten Fakten auf den Tisch zu knallen.

Im Durchschnitt ist der erregte menschliche Penis 13,12 Zentimeter lang und hat einen Umfang von 11,66 Zentimeter. Schlaff bringt er es auf 9,16 Zentimeter Länge und einen Umfang von 9,31 Zentimeter. Schlaff lang gezogen wurde auch gemessen, dabei erreicht man eine durchschnittliche Länge von 13,24 Zentimeter. Zu dem Ergebnis kam die bisher umfangreichste Übersichtsarbeit zu dem Thema. Londoner Wissenschaftler haben Daten von über 15.000 erwachsenen Männern aus 17 verschiedenen Nationen zusammengefasst. Die Studienautoren rechtfertigen ihre Untersuchung damit, dass ein besseres Verständnis der Penisgrößen bei der Entwicklung von Kondomen helfen könnte. Außerdem könnte es durchschnittlich bestückten Männern, die aufgrund chronischen Pornokonsums glauben, zu kurz geraten zu sein, wieder Hoffnung machen. Franzosen haben mit durchschnittlich 10,74 Zentimeter übrigens den längsten schlaffen Penis. Das mag für manche beeindruckend klingen, aber mein Penis war bereits im Guinness Buch der Rekorde. Bis man mich aus der Bibliothek geworfen hat.

Die Sache mit der Größe
Warum hat der Mensch überhaupt eine so prächtiggroße Liebeslanze entwickelt? Prinzipiell wären wir ja auch mit einer kleineren wunderbar funktionstüchtig. Geben die Hersteller von PS-schwachen Autos etwas ins Trinkwasser, um die Verkaufszahlen zu erhöhen?

In einer Studie von 2013 wurden Frauen computergenerierte Bilder von nackten Männern gezeigt (Mautz, 2013). Die digitalen Herren hatten unterschiedliche Körpertypen und Penisgrößen. Die Damen hatten das Vergnügen, diese Männerkörper ihrer Attraktivität nach zu bewerten, wobei sie aus den unterschiedlichsten Kombinationen aus Körpertyp und Penislänge wählen mussten. Dabei hat sich gezeigt, dass große, muskulös gebaute Männer als anziehender wahrgenommen werden. Die Attraktivität nahm aber auch mit steigender Penisgröße zu, wobei die zusätzliche Attraktivität ab einer schlaffen Länge von 7,6 Zentimeter nicht mehr so stark zunahm wie davor. Heute sieht man kaum noch Leute ohne Hose herumlaufen, aber unsere Urahnen waren diesbezüglich vermutlich lockerer drauf. Diese Vorliebe für lange Lanzen könnte einen Beitrag dazu geleistet haben, dass wir heute brachialer bestückt sind als die anderen Affen.

Aber weshalb bevorzugen manche Frauen überhaupt einen großen Penis? Eine Studie von 2012 hat herausgefunden, dass Frauen, die große Penisse bevorzugen, häufiger vaginale Orgasmen haben (Costa, 2012). Die Forscher führen das darauf zurück, dass ein längeres Glied den gesamten Scheidenkanal inklusive Gebärmutterhals stimulieren kann. Es gibt allerdings auch eine zweite Form von weiblichem Orgasmus – den klitoralen, bei dem die Studienautoren keinen Einfluss der Penisgröße finden konnten. Tatsächlich kann es sogar sein, dass es sich bei den beiden Orgasmustypen um völlig unterschiedliche Phänomene handelt. Sie verwenden andere Nervenleitungen und stimulieren unterschiedliche Gehirnregionen.

Es gibt noch einen anderen, weniger offensichtlichen Grund, durch den sich ein großer Schwengel evolutionär durchsetzen kann. Haben Sie sich schon einmal gefragt, warum der Lümmel so eine merkwürdige, hutartige Spitze hat? Auch wenn es Sie vielleicht schockiert, es liegt nicht an der Ästhetik. Der nächste Verwandte des Menschen ist der Schimpanse. Der hält nicht viel vom prüden Lifestyle und hat gerne mal Sex mit verschiedenen Partnern in direkter Folge. Es ist denkbar, dass auch unsere Vorfahren gerne derart auf den Putz gehauen haben, und eine verlässliche Internetquelle legt nahe, dass manche unserer Zeitgenossen auch heute noch Spaß an diesem Lifestyle haben. Aus Sicht der Evolution ist jedes beteiligte Männchen daran interessiert, dass es der eigene Samen ist, aus dem sich dabei ein Kind entwickelt. Laut der »Samenverdrängungs-Hypothese« möchte uns Mutter Natur dabei helfen, dieses Ziel zu erreichen. Der Phallus hat demnach diese hutartige Spitze, um den Samen vorangegangener Lustmolche aus dem Vaginaltrakt zu entfernen. Um das zu testen, erfüllten sich amerikanische Wissenschaftler einen Jugendtraum und bastelten Penis- und Vaginamodelle, mit denen sie den Liebesakt nachspielten (Gallup, 2003). Dabei haben sie gemessen, welche Penisform und Penetrationsstrategie am besten dazu geeignet ist, (künstliche) Samenflüssigkeit aus dem Vaginaltrakt zu entfernen. Die menschliche Form der Penisspitze hat sich dabei als besonders zuverlässig erwiesen. Wobei ein längeres Glied den Job besser erledigen konnte als ein vergleichsweise kurzes. Die Forscher weisen außerdem darauf hin, dass sich das Sexualverhalten von Männern, die in einer Beziehung leben, ändert, wenn sie Untreue bei ihrer Partnerin vermuten. Sie dringen dann mit größerer Stoßkraft ein, was die Samen der Konkurrenz ebenfalls besser entfernt.

Kreationismus-Fans sind keine Freunde solcher Untersuchungen. Derselbe Gott, der immer von Monogamie und Treue schwärmt, hat den Penis demnach so designt, dass er den Samen anderer Männer aus der Geliebten entfernt. Du sollst nicht begehren deines nächsten Weib, aber sicher ist sicher.

Der Penis hat aber noch mehr tolle Tricks auf Lager. Bevor wir überhaupt daran denken, aus dem Bett zu klettern, ist der muntere Lümmel oft bereits aufgestanden. Er wird also früher aktiv als unser Gehirn, was Rückschlüsse auf die Prioritätsverteilung der Natur zulässt. Die morgendlichen Gymnastikübungen macht der Penis nicht als Fleißaufgabe, sondern aus sehr pragmatischen Gründen, die mit den Schlafzyklen zusammenhängen. Man kann grob zwischen zwei Schlafphasen unterscheiden: REM-Schlaf und Non-REM-Schlaf, wobei REM für Rapid Eye Movement steht. Während der REM-Phasen findet das Träumen statt und unsere Augen bewegen sich entsprechend dem, was wir im Traum sehen.

In den Non-REM-Phasen träumen wir hingegen kaum, dafür ist der Körper in dieser Zeit besonders fleißig am Reparieren von Gewebe, Knochen und Muskeln. Non-REM-Schlaf unterteilt man in verschiedene Phasen, die von Leicht- in Tiefschlaf übergehen. Weckt man uns während einer Tiefschlafphase, sind wir besonders fix und fertig. Das sind die Tage, an denen man einen neuen Wecker auf Amazon bestellt, weil man den alten ins Klo geworfen hat.

REM- und Non-REM-Phasen wechseln sich jede Nacht mehrmals ab. In den REM-Phasen reduziert der Körper bestimmte Neurotransmitter, um zu verhindern, dass wir im Schlaf unsere Träume ausleben. »Lebe deinen Traum« klingt nämlich nur so lange inspirierend, bis man träumt, ein junger Hund zu sein, und sich morgens über das Häufchen am Teppichboden wundert. Einer der Botenstoffe, der während des REM-Schlafs reduziert wird, ist der Neurotransmitter Norepinephrin, der bereits kurz erwähnt wurde. Norepinephrin führt zur Verengung der Blutgefäße im Penis und erschwert dadurch eine Erektion. Verringert sich das Norepinephrin-Level in der REM-Phase, kann mehr Blut in den Penis fließen und die Zeltstange richtet sich auf. Das extra Blut erhöht den Sauerstoffgehalt und erleichtert die Reparaturprozesse, die im Schlaf stattfinden. Der kleine Frühaufsteher sorgt mit seinem Morgensport also dafür, dass alles fit im Schritt bleibt. Außerdem hält er das Bett trocken! Eine volle Blase kann den Spiralnerv im Rückenmark stimulieren und dadurch eine Reflex-Erektion auslösen, die das Schlimmste verhindert.

Gesunde Männer bekommen drei bis fünf Erektionen pro Nacht, die zwischen 15 und 40 Minuten anhalten. Die Häufigkeit und Dauer der REM-Phasen nehmen in den Morgenstunden zu. Dadurch ist es morgens wahrscheinlicher, dass einem der Frühaufsteher entgegenwinkt, als wenn man mitten in der Nacht aufwacht. Wir können jedenfalls froh darüber sein, dass der Schwengel seinem Morgensport so selbstständig nachgeht. Er hält sich dadurch fit, und wir müssen nicht täglich die Bettwäsche wechseln. Da kann man schon darüber hinwegsehen, dass man morgens ein paar Minuten länger auf der Toilette braucht.

Ökologisch verhüten

Die Renaissance hat atemberaubende Dinge hervorgebracht. Es war die Zeit, in der große Künstler wie
Leonardo da Vinci zugange waren. Eine Epoche voll
großartiger Architektur, Bildhauerei und Menschen,
die ihre Penisse in Tiereingeweide gesteckt haben.
Zum Spaß. Beziehungsweise, um Spaß zu haben,
ohne danach Teepartys in Puppenküchen feiern zu
müssen.

Im Laufe der Menschheitsgeschichte hat sich unser
überproportional großes Gehirn die unterschiedlichsten
Ideen einfallen lassen, um kinderfreien Sex zu haben.
Vor Durex hat man es eben mit dem Darm oder der
Blase von Tieren versucht. Wenn Sie den Satz »Mach
dich ruhig schon mal frisch, ich schlachte inzwischen
das Schaf« hören, haben Sie also einen Kavalier der
alten Schule an Land gezogen. Gratulation.

Nicht nur die Verhütungsmittel waren früher biologisch abbaubar, sondern auch die Schwangerschafts-
tests. Dabei haben die Menschen die verrücktesten Ide-
en entwickelt, um eine Schwangerschaft festzustellen.
Besonders kreativ waren dabei die alten Griechen und
die Ägypter. Ich werde Ihnen nun drei Methoden aus
längst vergangenen Tagen vorstellen. Alle drei wurden
wirklich angewandt, aber nur eine davon hat tatsächlich
funktioniert. Die beiden anderen können Sie als Party-
tricks auf einem Historikerkongress vorführen, wenn
Ihnen das Spaß macht. Sie haben nun die Aufgabe zu

erraten, welcher dieser Tests tatsächlich eine Schwangerschaft vorhersagen kann.

1. **Der Zwiebel-Test:** Der Grieche Hippokrates von Kos gilt als der Begründer der wissenschaftlich orientierten Medizin und war der berühmteste Arzt des Altertums. Wenn er wissen wollte, ob eine Frau schwanger war, gab er ihr eine Zwiebel. Zwischen die Beine. Bis sie nicht mehr sichtbar war. Dort musste die Zwiebel die ganze Nacht bleiben. Wenn der Atem der Frau in der Früh nach Zwiebel roch, war sie nicht schwanger, weil der Zwiebelduft ungestört durch die Gebärmutter zum Mund vordringen konnte. War sie jedoch schwanger, stand das Baby der Geruchsausbreitung im Weg und der Atem blieb frisch.

2. **Der Weizen-und-Gerste-Test:** Die alten Ägypter ließen verunsicherte Damen ein paar Tage lang auf Weizen- und Gerstensamen urinieren. Wenn die Samen daraufhin austrieben, war man schwanger. Spross zuerst der Weizen, war eine Tochter zu erwarten. Kam die Gerste zuerst, konnte man sich auf einen Jungen freuen. Wenn keiner der beiden Samen austrieb, war auch kein Baby zu erwarten.

3. **Der Bier-und-Dattel-Test:** Wieder eine tolle Idee der alten Ägypter. Die Frau konsumiert eine Mischung aus Bier und zerdrückten Datteln. Wird ihr daraufhin schlecht und sie muss sich über-

geben, ist sie vermutlich schwanger. Alternativ konnte sich die Frau auch auf den Boden setzen, auf dem das Dattel-Bier-Gemisch ausgestrichen wurde. Je mehr sie sich dabei übergeben musste, desto fortgeschrittener war die Schwangerschaft.

Und, haben Sie schon einen Favoriten? Die richtige Antwort lautet »Der Weizen-und-Gerste-Test«! Eine Studie konnte zeigen, dass die Methode eine Schwangerschaft mit einer Zuverlässigkeit von 70 Prozent vorhersagen kann (Hart, 2009). Das Geschlecht des Kindes vorherzusagen klappte allerdings nicht. Der Urin schwangerer Frauen beinhaltet mehr Östrogen als der von Nicht-Schwangeren. In Pflanzen fördert Östrogen das Wachstum von Samen. Man vermutet, dass zusätzliches Östrogen im Urin schwangerer Frauen die Samen zum Austreiben stimuliert, wodurch die Methode der Ägypter zumindest zuverlässiger war als bloßes Raten. Bewohner ländlicher Gegenden müssen sich also keine Sorgen machen, wenn sich die Tochter nachts in den Heustadel schleicht. Kritisch wird es erst, wenn sie in den Getreidespeicher läuft.

Real versus Digital

Die meisten Leute mögen Sex. Zu zweit ist es angeblich sogar noch schöner als alleine. Wer Wert auf ein wirklich erfülltes, aufregendes Sexualleben legt, sollte einen

Wissenschaftler heiraten. Der verbringt so viel Zeit im Labor, dass er sicher nicht hereinplatzt, während Sie den Postboten auf einen Kaffee hereinbitten. Sollten Sie trotzdem einmal dabei erwischt werden, wie Ihnen der Klempner seine Rohre zeigt, erklären Sie dem schockierten Forscher einfach, dass Sie die Stichprobenanzahl von n = 1 auf n = 2 vergrößern wollten. Er wird das verstehen und Ihnen für Ihre Liebe zur statistischen Signifikanz sogar zärtlich auf die Schulter klopfen.

Ich verrate Ihnen einen hinterhältigen Trick, mit dem Sie sich garantiert einen Forscher an Land ziehen und durch ein gemeinsames Kind möglichst rasch an sich binden. Laufen Sie am besten früh morgens in das Labor Ihres Vertrauens. Lassen Sie sich aber nicht zu viel Zeit, sonst wird der Forscher Ihnen erklären, dass seine Testosteronwerte um 8.00 Uhr früh am höchsten waren und Sie besser morgen noch mal vorbeikommen. Obwohl wir aus Gründen des geordneten Tagesablaufs gegen 23.00 Uhr am häufigsten Sex haben, sind Ihre Verführungschancen durch den erhöhten Testosteronspiegel um 8.00 Uhr besonders hoch. Wenn Sie die biologische Uhr ticken hören und sofort mit dem Kinderkriegen loslegen möchten, lassen Sie den verführten Wissenschaftler trotzdem bis zum Nachmittag am Haken baumeln. Zu dieser Zeit verfügt man nämlich über mehr Samen als am frühen Morgen und die Chance auf eine erfolgreiche Schwängerung steigt. Verführen Sie einen Forscher also um 8.00 Uhr, wenn seine Testosteron-Levels am höchsten sind, und paaren Sie sich mit ihm gegen 17.00 Uhr für eine erfolgreiche Fortpflanzung. Als Wissenschaftler wird er Ihr durchdachtes Vorgehen zu schätzen wissen.

Wenn Sie zu den Romantikern zählen, ist Ihnen so ein Vorgehen vermutlich zu durchdacht und mechanisch. Man kann sich seine Liebe auch auf klassischere Weise erkämpfen. Ein wahrer Kavalier zündet eine Kerze an, legt die *Best of Kuschelrock*-CD auf, klappt mit einer zärtlichen Handbewegung den Laptop auf und startet mit einem verspielten Doppelklick den Internet Explorer. Fühlen Sie sich ertappt? Streiten Sie es nicht ab, die Statistik hat Sie entlarvt. Rund ein Viertel aller Internet-Suchanfragen beziehen sich auf Pornografie. Es ist inspirierend zu sehen, wie harmonisch Biologie und Technik zusammenarbeiten können.

Der Aufbau eines primitiven Internets wurde erstmals 1989 von einem britischen Physiker vorgeschlagen, um Informationen aus Laboratorien eines Teilchenbeschleunigers zwischen Frankreich und der Schweiz auszutauschen. Auch wer mit Physik nichts am Hut hat, sollte deshalb ein Mindestmaß an Wertschätzung für den Forschungszweig aufbringen, der das Gehirn von Freunden meiner Bekannten mit einer Flut an nicht enden wollenden, schamlos Entblößten versorgt. Heute wird alleine in Amerika jährlich mehr Geld für Pornos ausgegeben, als es gekostet hat, den Curiosity-Marsroboter zu entwickeln und auf einen anderen Planeten zu schießen. Wer es wirklich darauf anlegt, kann heute innerhalb einer Minute mehr unbekleidete, attraktive Menschen sehen, als die Vor-Internet-Generation in ihrem ganzen Leben. Dabei gibt es praktisch keine Fantasie, zu der Google nichts ausspucken würde. Ein Phänomen, das man als »Internetregel 34« bezeichnet: Wenn es existiert, gibt es Pornos dazu. Tun wir uns mit dieser ständigen Verfügbarkeit von sexuellen Reizen einen Gefallen, oder profitieren davon nur die Aktionäre der Taschentuch-Hersteller?

Viele Männer bestreiten es ja, aber unser Gehirn ist unser größtes Sexualorgan. Während die aufreizende Dame dem Elektriker erklärt, warum überall Stroh herumliegt, schütten die Nervenzellen im Belohnungssystem Ihres Gehirns Dopamin aus. Der Botenstoff hat die Aufgabe, unsere Aufmerksamkeit auf Reize zu lenken, deren Befriedigung zu Wohlbefinden führt. Leute beim Paarungsakt zu beobachten findet unser Gehirn scheinbar besonders spannend. Dopamin dockt an die Rezeptoren anderer Nervenzellen an und lässt diese stärker feuern als üblich. Dadurch verstärken sich neuronale Verbindungen, die uns dazu motivieren, die dopaminausschüttende Aktivität in Zukunft öfter zu wiederholen. Unser Gehirn lernt dadurch, Schmuddelfilmchen als besonders wichtigen Reiz wahrzunehmen. Wenn der Freund Ihres Bekannten täglich Pornos konsumiert, wird seinen Gehirnzellen der ständige Dopaminrausch irgendwann zu blöd. Die Zellen reduzieren dann die Anzahl an Dopaminrezeptoren auf ihrer Oberfläche. Dadurch kann weniger von dem Neurotransmitter andocken, was zu einem schwächeren Belohnungsgefühl führt. Um dieselbe Befriedigung zu erreichen, sind dann stärkere Reize notwendig. Man bezeichnet diesen Prozess als Desensibilisierung, die im Extremfall in einer Suchtspirale mündet. Je mehr Zeit man mit dem Konsum von Pornos verbringt, desto mehr Dopamin wird ausgeschüttet. Dadurch steigt das Verlangen, noch mehr Liebesakt-Videos zu konsumieren, die dann aber weniger Befriedigung verschaffen, weil sich die Anzahl der Dopaminrezeptoren auf den Nervenzellen reduziert hat. Leuten, die tief in diesem Zyklus versunken sind, fällt es oft schwer, von Sexualreizen im echten Leben stimuliert zu werden. In manchen Fällen spricht man sogar von einer Porno Induzierten Erektilen Dysfunktion, kurz PIED. Allerdings sind sich Psychologen noch uneinig darüber, ob das PIED-Phänomen tatsächlich existiert, oder die fehlende Stimulation andere Ursachen hat.

Früher hätte man diesen Menschen geholfen, indem man ihnen mit seriösem Blick erklärt, dass sie vom Handanlegen blind werden. Heute organisieren sie sich lieber selbst in NoFap Communities («Fap Fap Fap» ist Internetslang für Masturbationsgeräusche), in denen sie sich mentalen Beistand beim Entzug leisten. Alleine auf der Internetplattform *Reddit* hat die NoFap-Bewegung bereits über 170.000 Mitglieder. Mittlerweile ist sogar eine NoFap-Smartphone-App erhältlich, die einem in schwachen Momenten gut zuspricht – quasi der Dorfpfarrer für unterwegs.

Aber so weit muss man es natürlich nicht kommen lassen. Kein Grund, panisch aus dem Zimmer zu laufen, sobald sich im Fernsehen eine Kussszene ankündigt. So lange man es nicht übertreibt, bleibt alles im grünen Bereich. Und auch wenn man mal über die Stränge des Downloadlimits schlägt, normalisieren sich die Dopaminrezeptoren wieder, sobald man seinem Hirn eine Auszeit gönnt. Prinzipiell kann auch häufiger regulärer Sex in diese Dopaminspirale führen. Aber dazu gehören zwei Menschen, und einem davon wird es meistens zu blöd. Außerdem ist es oft einfacher, Highspeed-Internet aufzutreiben als einen super motivierten Sexualpartner. Dabei spielen nämlich Faktoren eine Rolle, die sich schwerer beeinflussen lassen als der Empfang der Wireless-Verbindung – unsere Gene.

Glücklich Single dank Jungferngeburt

Wenn Menschen lange Zeit Single bleiben, kann das verschiedenste Gründe haben. Bei manchen ist die Liebe zu *World of Warcraft* größer als die Liebe zum anderen Geschlecht. Andere fühlen sich alleine einfach wohler als zu zweit. Das kann aus negativen Erfahrungen resultieren, beispielsweise wenn man von der Partnerin gezwungen wurde, sich *Twilight* anzusehen. Aber abseits derartiger Traumata können auch winzig kleine Genmutationen vorgeben, wie wohl wir uns in einer Beziehung fühlen. Gewöhnlich assoziieren wir Mutationen mit gut erkennbaren Auswirkungen, woran Filme wie *X-Men* nicht unschuldig sind. Darin gibt es Leute, die durch Genmutationen Superkräfte entwickelt haben. Schnelle Heilung, ausfahrbare Krallen, Magnetismus und so weiter. Würde der Drehbuchautor etwas von Genetik verstehen, hätte er die Liste um einen Helden erweitert: Single-Man.

Eine Studie mit chinesischen Studenten hat gezeigt, dass eine Mutation in einem Gen namens *5-HT1A* die Wahrscheinlichkeit, Single zu sein, beeinflusst (Liu, 2014). Menschen, bei denen der DNA-Baustein C an einer bestimmten Stelle des Gens zu einem G mutiert ist, waren um elf Prozent häufiger Single als Träger der C-Variante. Woran liegt das? Macht einen die G-Mutation superhässlich oder megastinkend? Das wäre zu einfach. Das *5-HT1A*-Gen codiert einen Serotoninrezeptor im Gehirn, der entscheidend für unser Glücksempfinden ist. Eine andere Studie konnte zeigen, warum einen die G-Mutation das Singleleben bevorzugen lässt. G-Träger fühlen sich in Beziehungen weniger wohl (Gong, 2014). Weibliche Marmosetten-Affen gehen noch einen Schritt weiter. Verabreicht man ihnen eine Substanz, welche die G-Mutation simuliert, lehnen sie männliche Sexualpartner vermehrt ab und verhalten sich ihnen gegenüber aggressiver.

Das bedeutet natürlich nicht zwangsläufig, dass Sie G-Träger sind, nur weil Ihr Partner Sie in den Wahnsinn treibt. Aber interessant ist es auf jeden Fall, dass winzige Bausteine in dieser drei Milliarden Buchstaben langen DNA-Kette unser Liebesleben so grundlegend prägen können.

Manche Ringelwürmer würden sich von keiner C-Mutation beeindrucken lassen. Sie führen ein glückliches Singleleben, und wenn ihnen tatsächlich nach Kindern zumute ist, werfen sie ein paar Körpersegmente ab, aus denen dann neue Würmer wachsen. Vor circa 2.000 Jahren, etwas mehr als 2.000 Kilometer südöstlich von Wien, ist einer Frau angeblich etwas Ähnliches passiert. Eine waschechte Jungferngeburt. Marias Bauch wurde immer dicker, und keiner wollte es gewesen sein.

In der *Dr.-House*-Weihnachtsfolge »Ihr Kinderlein kommet« erleidet eine Frau ein ähnliches Schicksal. Sie – nach eigenen Angaben ebenso Jungfrau wie ihr Ehemann – stellt fest, dass sie schwanger ist. Dr. House geht der Sache auf den Grund und kommt nach mehrmaligem Überprüfen der Testergebnisse zu dem Schluss, dass in sieben Monaten eine waschechte Jungfrauengeburt ansteht. Seine Annahme: Spontane Kalziumausschüttung hat die Eizelle zur Teilung angeregt. Zeitgleich hat ein Defekt in der Zellteilung das Genmaterial verdoppelt und somit auf das Level einer befruchteten Eizelle gehoben.

Könnte Ihnen das auch passieren? Kurz vor Weihnachten 2013 erschien eine Studie, laut der 0,5 Prozent der amerikanischen Frauen angaben, selbst mindestens eine Jungferngeburt durchlebt zu haben (Herring, 2013). Künstliche Befruchtung nicht miteingeschlossen. Der Fachbegriff für Jungfernzeugung lautet Parthenogenese – ein Phänomen, das man bei mehreren hoch entwickelten Tierarten beobachtet hat. Die Angestellten des Henry Doorly Zoos in Nebraska waren sicherlich nicht unbeeindruckt, als ein weiblicher Hammerhai, der seit Jahren kein Männchen gesehen hatte – vielleicht als Protestaktion – einen Babyhai zur Welt brachte. Ein kleines Wunder, das leider Stunden später von einem Stachelrochen aufgespießt wurde. Keine Zeit für Weihrauch und Myrrhe. Unerwartete Fälle von Jungfernzeugungen kommen immer wieder vor, beispielsweise bei Truthähnen. Und wieso sollten Truthähne etwas können, das wir nicht draufhaben?

Die Antwort versteckt sich mal wieder in der DNA. Von den meisten Genen tragen wir zwei Versionen in uns – eine Kopie vom Vater, eine von der Mutter. Sollte eine Version kaputt sein, hat man also noch eine Back-up-Kopie. Eine Ausnahme bilden Gene mit genomischer Prägung, auch Imprinting genannt. Von diesen sind zwar auch zwei Kopien vorhanden, allerdings ist nur eine davon aktiv, entweder die väterlich- oder die mütterlich vererbte. Die andere Kopie ist stillgelegt und wird nicht abgelesen.

Weniger als ein Prozent unserer Gene weisen eine genomische Prägung auf. Betroffen sind vor allem DNA-Abschnitte, die bei der embryonalen und frühkindlichen Entwicklung eine Rolle spielen. Sowohl weibliche Eizellen als auch die männlichen Samenzellen würden prinzipiell alle Gene enthalten, die notwendig wären, um einen Menschen zu erschaffen. Durch das Imprinting benötigt es aber sowohl ein väterliches als auch ein mütterliches Genom, damit von allen Entwicklungsgenen eine Kopie vorhanden ist, die tatsächlich aktiv ist. Wozu

Imprinting dient, ist noch nicht restlos geklärt. Es gibt aber Erklärungsversuche.

Die Eierstock-Zeitbomben-Hypothese: Sie besagt, Imprinting hätte den Sinn, zu verhindern, dass sich unbefruchtete Eizellen spontan teilen und anfangen sich zu entwickeln. Ungewollte Zellteilungen sind nämlich der beste Freund der Tumorentstehung. Es existiert noch ein anderes Erklärungsmodell, das aber einen viel unspektakuläreren Namen trägt.

Die Elterliche-Konflikt-Hypothese: Sie ergibt sich aus zwei Beobachtungen, die viele Frauen und manche Männer im Laufe ihres Lebens machen müssen.

Erstens sind Schwangerschaft und Geburt für die Frau anstrengender als für den Mann. Der verfressene Fratz fällt bereits im Mutterleib über die Ressourcen der angehenden Mutter her. Es ist deshalb im Interesse der Frau, Gene, die das Wachstum des Embryos übermäßig fördern, in den Eizellen auszuschalten.

Zweitens haben Männer keine Garantie dafür, dass alle von der Frau zur Welt gebrachten Kinder wirklich die eigenen sind. Wenn man sich als Mann um Nachwuchs bemüht, macht es aus Sicht der Evolution daher Sinn, dafür zu sorgen, dass die Frau die meisten Ressourcen in das Gebären des eigenen Nachwuchses investiert. Der Mann möchte also, dass die Frau möglichst viel Energie in seine Nachkommen steckt, und inaktiviert in seinem Samen Gene, die das Embryonalwachstum einschränken.

Die Konflikt-Hypothese wird als die wahrscheinlichere betrachtet. Aber unabhängig davon, welche zutrifft, kann sich ein menschlicher Embryo nur dann entwickeln, wenn die genetische Information von Vater und Mutter bereitgestellt wird. Eine Eizelle, die ihr genetisches Material spontan verdoppelt, hätte zwar die notwendige Erbinformation, um einen Menschen zu basteln, einige Entwicklungs-Gene könnten aber aufgrund des Imprintings nicht abgelesen werden, sofern sie nicht von einem Vater beigesteuert werden. Imprinting wird dafür verantwortlich gemacht, dass man bei Säugetieren noch nie eine natürliche Jungferngeburt beobachten konnte.

Die Erklärung von Dr. House geht in die richtige Richtung. Theoretisch ist eine spontane Verdoppelung der Erbinformation nicht unmöglich. Das wäre notwendig, damit jedes Gen in der Eizelle zweimal vorliegt, wie es auch im befruchteten Zustand der Fall ist. Das Imprinting macht der Sache aber einen Strich durch die Rechnung. Auch wenn alle Gene vorhanden sind und die Voraussetzungen für eine Schwangerschaft erfüllt wären, könnte sich kein Embryo entwickeln, der ausschließlich aus mütterlicher DNA besteht. Ohne zusätzliche Erbinformation mit väterlichem Imprinting funktioniert das nicht. Sorry, Ladys.

Wer Dr. House kennt, weiß, dass ihm solche Fehler nicht passieren. Es stellt sich heraus, dass er die Geschichte mit der Jungferngeburt nur erfunden hat. Er wollte der nervösen Ehefrau ersparen, ihrem Mann in der Vorweihnachtszeit beichten zu müssen, wo das Baby tatsächlich herkommt. Spoiler: nicht vom Ehemann. Eine fragwürdige Weihnachtsgeste, die wohl in die Hose gegangen wäre, wenn der Mann im Warteraum ein Biologiebuch entdeckt hätte. Die Umfrage, laut der 0,5 Prozent der amerikanischen Frauen meinten, eine Jungferngeburt erlebt zu haben, dürfte auch keine neuen Erkenntnisse liefern. Eher zeigt sie, dass Umfragen kein verlässliches Werkzeug sind, um Daten zu erheben – vor allem, wenn es um Sex und Wunder geht.

Obwohl das weibliche Imprinting verhindert, dass die Schwangerschaft zu viele Ressourcen frisst, hat der Embryo einen besseren Vertrag ausgehandelt als die Mutter. Er schwimmt gemütlich in der Gebärmutter herum und zweigt sich, ohne je danach gefragt zu haben, seinen Anteil der Wurstsemmel über die Nabelschnur ab. Schmeckt sie ihm nicht, tritt er beleidigt um sich und legt sich aus Protest so ungünstig hin, dass er zum Geburtstermin herausoperiert werden muss. Warum tun sich Frauen das überhaupt an? Wäre ein Hund nicht praktischer gewesen? Oder sieben Katzen? Tatsächlich können sich Embryonen sehr nützlich machen, sogar lange bevor sie in die Pensionskassen einzahlen. Bereits während der Schwangerschaft revanchieren sie sich durch eine kleine Spende bei ihren tapferen Müttern, wie wir gleich sehen werden.

Großzügige Embryos

Das Leben ist kein Ponyhof. In unseren Körpern geht ständig irgendetwas kaputt und wird wieder repariert. Bei Kleinigkeiten bekommen wir das oft gar nicht mit. Ein Herzinfarkt hingegen macht sehr deutlich auf sich aufmerksam. Dabei wird das Herz oft nachhaltig geschädigt und büßt einen Teil seiner Leistungsfähigkeit ein. Ärzte können die dabei abgestorbenen Herzmuskelzellen leider nicht ersetzen. Zumindest nicht nach ihrem abgeschlossenen Medizinstudium. Aber vielleicht waren sie viel früher in ihrem Leben in der Lage dazu.

2012 haben amerikanische Wissenschaftler Mäuse gentechnisch so verändert, dass ihre Zellen grün leuchten, wenn man sie unter blaues Licht setzt (Kara, 2012). Dazu hat man ein Gen namens GFP (Grün Fluoreszierendes Protein) in die Mäuse eingebracht, das ursprünglich aus der Qualle stammt. Die Forscher haben grün fluoreszierende Männchen mit normalen, nicht fluoreszierenden Weibchen gekreuzt. Dadurch entstanden nicht-fluoreszierende Mäuse, die mit grün fluoreszierenden Embryonen schwanger waren. Man konnte somit die Zellen des Embryos von denen des Muttertiers deutlich unterscheiden. Kurz vor der Geburt haben die Wissenschaftler in den schwangeren Mäusen Herzinfarkte ausgelöst. Zwei Wochen danach wurden die Herzen der Muttertiere genau untersucht. Darin fanden sich plötzlich haufenweise grün fluoreszierende Zellen, die aus dem Embryo stammen mussten. Bei Tieren, die keinen Herzinfarkt hatten, fanden sich viel weniger davon. Die grünen Zellen im Herzen der Mütter hatten sich zu unterschiedlichen Herzgeweben entwickelt. Es sieht so aus, als würden sich die Embryos nützlich machen, um die beschädigten Herzen ihrer Mütter zu flicken.

Haben menschliche Zwerge auch solche Tricks drauf? Man hat beobachtet, dass Frauen sich besser von Herzanfällen erholen, wenn diese während oder kurz nach einer Schwangerschaft auftreten. Es ist möglich, dass hinter diesem Phänomen ebenfalls die Embryonen stecken. In frühen Entwicklungsstadien beinhalten wir haufenweise Stammzellen. Das sind Zellen, deren Entwicklungsschicksal sich noch nicht festgelegt hat. Sie können sich zu den verschiedensten Geweben in unterschiedlichen Organen entwickeln. Erwachsene haben nicht mehr sehr viele davon, aber Embryonen sind damit vollgestopft, wie ein Überraschungsei mit Spannung. Gelegentlich schaffen es ein paar dieser Alleskönner, durch die Plazenta zu entweichen und über den Blutstrom der Mutter in unbekannte Territorien vorzudringen. Sobald sie sich niederlassen, können sie sich dort jahrzehntelang herumtreiben und sich in unterschiedliche Gewebe entwickeln. Studien haben gezeigt, dass diese embryonalen Zellen in der Mutter vor allem dort zu finden sind, wo Schäden entstehen, zum Beispiel im Gehirn, der Lunge, den Nieren, der Leber oder dem Herz. 2012 hat man Gehirne von verstorbenen Frauen untersucht (Chan, 2012). Hatten sie Söhne zur

Welt gebracht, ließen sich noch nach dem Tod der Frauen männliche Zellen in ihren Gehirnen nachweisen – embryonale Zellen, die auf Wanderschaft gegangen waren. Es ist also gut möglich, dass sich im Kopf Ihrer Mutter noch immer Körperzellen von Ihnen befinden. Gefällt Ihnen der Gedanke? Finden Sie sich damit ab.

Aus Sicht des Embryos ist es natürlich sinnvoll, sich um das Wohlergehen seines Wirtes zu kümmern. Da kann man schon mal ein paar Stammzellen lockermachen. Das Forschungsgebiet ist noch ziemlich jung, aber eines der Ziele ist es, Stammzellen aus der Plazenta für Therapiezwecke einzusetzen. Sie sehen also, dass Embryonen gar nicht so egoistisch sind, wie anfangs behauptet. Eigentlich sind das ganz nette Kerlchen, die vermutlich sogar fleißig Reparaturarbeiten durchführen. Sobald sie aber geschlüpft sind, machen sie nichts als Ärger. Zuerst schreien sie die ganze Nacht und lassen einen nicht schlafen. Ständig muss man ihnen die Windeln wechseln und den Esslöffel strategisch als Flugzeug tarnen, nur damit der abgemagerte Fratz nicht vom Jugendamt mitgenommen wird. Kaum ist diese Phase vorbei, folgt nach einer kurzen Ruhepause die Pubertät. Hoffentlich haben Sie in der Schwangerschaft genügend Stammzellen gebunkert, denn Sie werden nun regelmäßig etwas erleben, was einem Herzinfarkt sehr nahe kommt. Dabei gibt es ein gutes Gegenmittel zu dem ganzen Stress. Schließen Sie die Teufelsbrut einfach öfters in den Arm. Wenn es sein muss, bis sie blau anläuft.

Wissenschaftlich kuscheln

Sind Sie schon mal diesen Leuten begegnet, die mit »Gratis Umarmung«-Schildern auf der Straße stehen? Wie reagieren Sie, wenn Sie auf so jemanden treffen? Fallen Sie solchen Personen um den Hals oder zücken Sie schnell das Handy, um beschäftigt zu wirken? Vor einigen Jahren habe ich mich mit so einem Schild ins Wiener Museumsquartier gestellt. Wenige Stunden und unzählige Umarmungen später fühlte ich mich lebendiger als jemals zuvor. Viele Umarmungswillige sagten mir, dass eine Umarmung genau das war, was sie gerade gebraucht hatten. Umarmungen geben uns ein Gefühl von sozialer Unterstützung. Das bietet Halt in stressigen Lebenssituationen. Leute, denen es an sozialer Unterstützung mangelt, sind nicht nur häufiger von Depression und Angststörungen betroffen, sie erkranken auch leichter an Infektionen. Dass Dauerstress unser Immunsystem schwächt, ist keine neue Erkenntnis. Oft merkt man selbst, dass Fieberblasen besonders dann auftauchen, wenn man sich in strapaziösen Zeiten befindet. Die Bläschen entstehen durch einen Virus, der eigentlich immer in unseren Zellen lebt, aber das geschwächte Immunsystem nutzt, um auszubrechen und sich zu verbreiten. Dauerstress verlangsamt sogar die Wundheilung und reduziert die Wirksamkeit von Impfungen.

Wäre ich Bürgermeister von Wien, würde ich professionelle Gratis-Umarmer an jeder zweiten Straßenecke platzieren. Die grantigen Wiener haben das bitter nötig, und die Arbeitslosigkeit würde auch sinken. Aber vielleicht würde sogar das Gesundheitssystem davon profitieren. 2015 haben amerikanische Wissenschaftler Hunderte Menschen interviewt (Cohen, 2015). Man wollte wissen, wie konfliktreich das Leben der Teilnehmer derzeit ist und wie oft sie sich eine Umarmung gönnen. Danach wurde es unangenehm. Den Probanden wurde durch Nasentropfen ein Virus zugeführt, der Erkältungen auslöst. Die tapferen Teilnehmer mussten daraufhin ein paar Tage in Quarantäne verbringen. Täglich wurde ermittelt, wie viel Nasenschleim sie gebildet hatten und wie viele Viruspartikel darin vorhanden waren. Dabei hat sich gezeigt, dass Menschen, die besonders oft umarmt wurden, weniger Erkältungssymptome entwickelten als Umarmungsfaule. Den Grund vermutet man darin, dass Stress die Immunabwehr schwächt und innige Umarmungen stressreduzierend wirken. Schmeißen Sie Ihre Multivitaminpräparate also getrost ins Klo, wenn Sie den Winter virenfrei überstehen wollen, greifen Sie lieber nach ein paar freundlich gesinnten Armen, in die Sie sich einwickeln können. Wenn gerade niemand zur Verfügung steht, umarmen Sie notfalls Ihre Katze oder schlimmstenfalls den Goldfisch – Hauptsache, Sie lassen sich keine Möglichkeit entgehen.

Aber wissen Sie überhaupt, wie man richtig umarmt? Generell kommt es gut an, wenn man sein Gegenüber dabei sanft streichelt. Schwedischen Forschern war diese Information zu vage, weshalb sie sich 2014 den Traum vieler überarbeiteter Wissenschaftler erfüllten – sie bastelten sich einen Streichelroboter (Ackerley, 2014). Das Gerät kann mit unterschiedlichem Druck, verschiedenen Temperaturen und Geschwindigkeiten den Arm von Versuchsteilnehmern streicheln. Währenddessen wurde die Aktivität der Nerven gemessen, die von der sanft gestreichelten Hautstelle zum Gehirn führen. Dabei wurden die optimalen Streichelbedingungen ermittelt. Am angenehmsten ist es laut den Wissenschaftlern, mit leichtem Druck zu arbeiten, wobei Haut-zu-Haut-Kontakt die ideale Temperatur bietet. Es wäre demnach am wohltuendsten, sich nackt zu umarmen und zu streicheln. Aber stellen Sie sich so lieber nicht mit einem Schild ins Museumsquartier. Die ideale Streichelgeschwindigkeit ist laut der Studie fünf Zentimeter pro Sekunde. Bei diesem Tempo werden die Nerven maximal stimuliert. Wenn Sie jemanden liebevoll in den Arm nehmen, scheuen Sie also nicht davor zurück, Lineal und Stoppuhr auszupacken.

Gratulation, Sie wissen nun, wie man wissenschaftlich korrekt kuschelt! Damit kann man in der Disco ruhig ein bisschen angeben – ist ein Weltklasse-Eisbrecher.

Wozu schreibt ein unverheirateter Genetiker eigentlich ein Kapitel über Liebe, Sexualorgane und Streichelroboter? Ist es ein trockener Versuch, ein magisch wirkendes Gefühl auf Moleküle zu reduzieren und Zärtlichkeit in Formeln zu pressen? Im Gegenteil, ich finde es romantisch, wie viel Arbeit sich die Natur antut, nur damit wir zur richtigen Zeit mit der richtigen Person

Liebe machen. Es zeigt, dass der Paarungstrieb, der lange Zeit als etwas Sündhaftes dargestellt wurde, in Wahrheit ein Ausdruck dessen ist, was Leben überhaupt ermöglicht und dank der Evolution sogar ständig verbessert. Durch unseren Erfindungsreichtum konnten wir Menschen das komplexeste Sexualverhalten in der Tierwelt entwickeln. Oder können Sie sich einen Pavian vorstellen, der seiner Fernbeziehung via Skype den roten Hintern präsentiert? Trotz all dem Gerede von Wissenschaft und Evolution darf man nicht vergessen, was der Sinn von Liebe aus menschlicher Sicht ist. Sie soll zwei oder mehrere Menschen glücklich machen. Ob männlich/weiblich, männlich/männlich oder weiblich/weiblich, spielt dabei keine Rolle. Homosexualität ist ein nahezu universelles Phänomen im Tierreich und wurde bei rund 1.500 Arten beobachtet. Wenn Ihnen jemand etwas von »unnatürlich« erzählen möchte, helfen Sie der Person doch bitte mit einem Biologiebuch aus. Homosexuelles Verhalten findet sich vom Menschenaffen bis zur Fruchtfliege, wobei man anhand der Fliege sogar versucht zu verstehen, wie sich unsere sexuelle Orientierung ergibt. Tatsächlich wird sehr viel Forschung an kleinen, oftmals irrelevant wirkenden Tieren betrieben, um Antworten auf die ganz großen Fragen zu bekommen. Es lohnt sich deshalb, einen Blick auf diese kleinen Helden der Biologie zu werfen, dank derer wir so viel über das Leben wissen.

3. Kapitel

Die winzigen Helden der Molekularbiologie

Vor dem Institut für Zytologie und Genetik in Novosibirsk steht eine Bronzestatue – ein Heldendenkmal. Dabei handelt es sich nicht um ein Abbild eines Eroberers, eines Politikers oder eines Freiheitskämpfers, sondern um eine alte, runzlige Labormaus. Sie hockt auf ihren kleinen Hinterbeinen, hat einen Mantel umgehängt und trägt eine Lesebrille auf der Nasenspitze. In ihren Händen hält sie zwei Stricknadeln, mit denen sie einen DNA-Doppelstrang häkelt. Die russischen Forscher wollen mit dem Denkmal ihre Dankbarkeit gegenüber den Lebewesen ausdrücken, denen wir unser heutiges Wissen über die Biologie verdanken – den Modellorganismen. Jede Erkenntnis, die in den letzten drei Jahrzehnten zu einem Nobelpreis in der Medizin geführt hat, war in irgendeiner Form auf Tiere angewiesen. Ohne ihre Hilfe wäre die moderne Medizin weit von ihrem heutigen Standpunkt entfernt.

Im Sommer 2010 kam ich von einem Musikfestival im deutschen Wacken mit einer bakteriellen Blutvergiftung heim und musste mehrere Tage im Spital verbringen. Vermutlich sind ein paar Nächte am Tropf nach Wacken ohnehin die reibungsloseste Überleitung zurück in das normale Leben. Die intravenösen Antibiotika, die damals das Schlimmste verhindern konnten, hätten ohne Modellorganismen nicht entwickelt werden können. Dafür bin ich so dankbar, dass ich am liebsten selbst eine Statue errichten würde. Stattdessen widme ich das folgende Kapitel diesen Helden der Molekularbiologie.

Hirnamputierte Fruchtfliegen

Im Jahre 1947 gingen ein paar Fruchtfliegen amerikanischen Wissenschaftlern so lange auf die Nerven, bis die Tiere in eine Rakete gepackt und ins Weltall geschossen wurden. Offiziell, um die Auswirkungen der kosmischen Strahlung auf Lebewesen zu testen. Tatsächlich hat es sich wohl eher um die Luxusversion von »Aus den Augen, aus dem Sinn« gehandelt. Fruchtfliegen waren damit die ersten Tiere, die in den Weltraum vorgedrungen sind. Abseits des Astronautendaseins kennen wir sie aus unseren Obstschüsseln. Kaum greift man im Sommer nach einer Banane, schießt einem eine ganze Armee von ihnen entgegen. Sie erfreuen sich keiner großen Beliebtheit, dabei sind es wahrlich faszinierende Tiere.

Die Fruchtfliege *Drosophila bifurca* hält den Weltrekord für die längsten Spermien im Tierreich. Ihre Samenzellen sind in ausgerolltem Zustand fast sechs Zentimeter lang, was in etwa dem Zehnfachen ihrer eigenen Körperlänge entspricht. Der Mensch kann da mit seinen lächerlichen 60 Mikrometer langen Samenzellen nicht mithalten, immerhin sind sie rund tausend Mal kürzer als die der kleinen Fruchtfliege. Wir können froh sein, dass es angeblich nicht auf die Länge ankommt. Hätten wir ein vergleichbares Körpergröße / Samenlänge-Verhältnis wie *D. bifurca,* wären unsere Samen länger als ein Lkw.

Die Forschung beschäftigt sich aber vorwiegend mit der Fruchtfliege *Drosophila melanogaster.* Sie zählt heute zu den am besten untersuchten Organismen der Welt. Ganze 60 Prozent der Erbinformation der Fliege sind identisch mit der des Menschen. Das ist eine erstaunliche Ähnlichkeit, reicht für uns aber leider nicht aus, um summend in den Urlaub zu fliegen. Um das besser einordnen zu können, sollte man vielleicht erwähnen, dass wir auch 50 Prozent idente DNA mit der Banane haben. Wobei man das Gefühl hat, dass manche Menschen dem Obst evolutionär ein bisschen näher stehen als andere. 50 Prozent idente DNA heißt übrigens nicht, dass man aus zwei Bananen einen Menschen machen kann. Das ist ein weit verbreiteter Irrtum.

Fliegen sind uns so ähnlich, dass sie zwei Drittel aller Gene besitzen, die beim Menschen eine Krankheit verursachen, wenn sie kaputt sind. Viele der Signalwege, die beim Menschen von einem defekten Gen zu einer Krankheit führen, sind auch in der Fruchtfliege vorhanden. Das macht die summenden Gefährten zu großartigen Modellorganismen für Molekularbiologen. 1933 gewann der Genetiker Thomas Hunt Morgan mithilfe der Fliegen sogar einen Nobelpreis für Medizin. Er konnte an ihnen erstmals nachweisen, dass einzelne Gene in einer Zelle nacheinander auf Chromosomen angeordnet sind. Eine fundamentale Erkenntnis, ohne die die medizinische Forschung heute schwer denkbar wäre. Die Fliegen haben damit eine Grundlage der modernen Genetik offenbart.

Auch ich hatte während meiner Masterarbeit ein Jahr lang das Vergnügen, mit Fruchtfliegen zusammenzuarbeiten. Die Tiere wohnen dabei in kleinen Fläschchen, die zur Hälfte mit einem nährstoffreichen Boden befüllt sind. Darin fühlen sich die Larven wie die Maden im Speck. Etwa neun Tage nach dem Schlüpfen verpuppen sie sich und verwandeln sich in prächtige Fruchtfliegen. Es ist spannend, Lebewesen, die uns Menschen so unähnlich erscheinen, lange Zeit intensiv zu beobachten. Man stößt dabei auf viele Gemeinsamkeiten. Nach einiger Zeit habe ich allerdings das getan, was die meisten Molekularbiologen gemacht hätten: Ich habe ihnen das Hirn herausgenommen. Haben Sie das schon einmal gemacht? Einer Fruchtfliege das Gehirn herausoperiert? Das sind wirklich verdammt kleine Dinger. Da werden mache Teilchenphysiker neidisch. Es wäre den Fliegen gegenüber nicht fair, das ohne guten Grund zu machen. Obwohl man dabei so human wie möglich vorgeht und die Fliegen vor dem Operationstermin betäubt. Dabei interessiere ich mich gar nicht so sehr für die Fruchtfliege selbst, sondern für eine ganz andere Geisel der Menschheit: Krebs.

In Fruchtfliegen gibt es ein Gen, das den Namen Brain Tumor trägt. Auf Deutsch: Hirntumor. Erraten Sie, was passiert, wenn dieses Gen defekt ist? Wissenschaftler sind da beinharte Pragmatiker und benennen Gene oft nach dem, was passiert, wenn man sie kaputtmacht. Dementsprechend gibt es in der Fliege auch Gene mit so einprägsamen Namen wie »Krüppel« oder »Klumpfuß«. Politisch korrekte Sprachwahl gegenüber Fliegen hat sich leider noch nicht etabliert. Ist das Hirntumor-Gen defekt, entwickeln die Fliegen dementsprechend einen Hirntumor. Das ist für die Fliegen nicht besonders toll, kann für einen Wissenschaftler aber ziemlich spannend sein. Unter dem weniger reißerischen Namen *TRIM3* ist das Hirntumor-Gen nämlich auch im Menschen vorhanden. Mittlerweile weiß man, dass Hirntumorpatienten häufig eine Mutation in diesem Gen tragen. Fliegen und Menschen teilen sich somit den Grund für diese Art der Krebserkrankung. Man kann also versuchen, den Hirntumor in der Fliege zu heilen, und hoffen, dadurch Hinweise auf eine Therapie beim Menschen zu bekommen. Zu diesem Zweck habe ich mit Kollegen während meiner Masterarbeit an einem genetischen Screen gearbeitet. Anders ausgedrückt: Wir haben in der Fliege noch mehr Gene kaputtgemacht und geschaut, was passiert. Das klingt nicht sehr durchdacht, ist unter Forschern aber vielleicht gerade deshalb sehr beliebt.

Die Fliegen, mit denen ich gearbeitet habe, hatten bereits ein kaputtes Hirntumor-Gen und entwickelten im Larvenstadium einen Tumor. Wir nahmen diese Fliegen und zerstörten in jeder von ihnen zusätzlich noch ein zweites Gen, allerdings in jeder ein anderes. Macht man das bei genügend Fliegen, hat man irgendwann jedes vorhandene Fliegen-Gen, zusätzlich zu dem Tumor-Gen, zerstört. Dabei hält man Ausschau nach Fliegen, die keinen Tumor entwickeln, obwohl sie die Tumormutation eigentlich in sich tragen. Der zweite, hinzugefügte Gendefekt hätte in diesem Fall die Tumormutation kompensiert. Damit wäre ein Gen gefunden, auf das die Tumore angewiesen sind, die gesunden Fliegen-zellen aber nicht. So ein Gen beziehungsweise das Protein, das aus diesem Gen entsteht, wäre ein mögliches Angriffsziel für zukünftige Krebsmedikamente.

Es klingt sehr mühsam, so viele Gene auszuschalten. Immerhin besitzt die Fliege mehr als 15.000 davon. Zum Glück gibt es Bibliotheken, die einen bei der Arbeit unterstützen: Fliegen-Bibliotheken. Dabei handelt es sich weder um Bibliotheken mit Büchern über Fruchtfliegen noch um Leseräume, in denen die Insekten zwischen staubigen Regalen schmökern. Tatsächlich sprechen wir von einer Sammlung genetisch unterschiedlicher Fruchtfliegen. Die Fliegen-Bibliothek, die wir verwendet haben, besteht aus Fliegen mit Mutationen in unterschiedlichen Genen. Nimmt man sie alle zusammen, gibt es zu fast jedem existierenden Fliegen-Gen eine Fliege, bei der das entsprechende Gen defekt ist. Paaren sich Fliegen mit kaputtem Hirntumor-Gen mit Tieren, die eine andere Mutation haben, sind bei manchen ihrer Nachkommen beide Gene kaputt. Man kreuzt also so lange Fliegen, bis man jedes Fliegen-Gen einmal zusätzlich zu dem Hirntumor-Gen in einer Fliege kaputtgemacht hat. Dabei sucht man nach gesunden Fliegen, die trotz Hirn-tumor-Defekt keinen Krebs entwickeln. Das zusätzlich mutierte Gen würde somit das Tumorwachstum verhin-dern. Heureka, wir konnten sogar ein paar solcher Gene finden!

Ob sich diese Erkenntnis jemals auf den Menschen übertragen lässt? Man weiß es nicht. Aber zumindest mich hat mein Ausflug in die Welt der Fliegen nachhaltig verändert. Jedes Mal, wenn mir beim Laufen auf der Donauinsel eine Fliege in die Nase schießt, macht mir das Hoffnung auf bahnbrechende Daten.

Blunzenfett durch Koevolution
Fliegen sind nicht nur medizinisch wichtig, sie spielen auch eine entscheidende Rolle an den Wiener Essständen. Zum einen, weil man sie vor dem Hineinbeißen vom Leberkäse verscheuchen muss, und zum anderen, weil das Bier, mit dem man die Semmel hinunterspült, ohne Fliegen nach wenig schmecken würde. Wenn Sie das nächste Mal nach dem goldenen Hopfen-Smoothie greifen, denken Sie daran, dass dessen süßlicher Duft nur dank einer jahrtausendelangen Koevolution zwischen Hefe und Fruchtfliege so unwiderstehlich ist.

Studien legen nahe, dass die Insekten indirekt für das fruchtige Aroma mancher Biersorten verantwortlich sind. Zwar ist es die Hefe, die dieses Aroma produziert, allerdings macht sie das nicht zum Spaß, sondern in der Hoffnung, damit ein paar Fruchtfliegen anzulocken (Christiaens, 2014). Im Bier wird ihr das nicht gelingen, da lockt sie vor allem Männer mittleren Alters an. Eine Hefekolonie in freier Wildbahn hat da schon eher Erfolg. Landet eine Fliege auf ihr, bleiben an ihren Beinhaaren ein paar Hefezellen kleben, die durch das Insekt effizient verbreitet werden. Um die Fliegen anzulocken, entwickelte die Hefe deshalb das fruchtige Aroma, das wir an manchen Biersorten so schätzen.

Erstmals aufmerksam wurde man auf diesen Zusammenhang durch Zufall. Ein belgischer Genetiker hat mit zwei unterschiedlichen Hefestämmen gearbeitet. Einer war normal, der zweite hatte eine Genmutation, die sein Aroma reduzierte. Nach einem langen Arbeitstag (was in der Forschung jeder Arbeitstag ist) verließ der Wissenschaftler das Labor und war zu faul, um die Hefekulturen wegzuräumen. Gleichzeitig war der Kollege aus dem Nachbarlabor so schlampig, ein paar Fruchtfliegen entwischen zu lassen. Am nächsten Morgen stellte der Hefeforscher fest, dass die Fruchtfliegen in die aromatische Hefekultur geklettert waren, nicht aber in die mutierte. Ein weiteres Beispiel dafür, dass es nicht immer schlecht ist, faul und schlampig zu sein.

Gedankenlesen im Aquarium

Jakob und Marie, zwei frisch verliebte Zebrafischlarven, schwimmen durch den Bach. Beide sind durch und durch transparent und nur wenige Millimeter lang. Jakob pflückt seiner Liebsten einen Strauß Algen. Mit leuchtenden Augen sagt Marie: »OMG Jakob, das sind meine Lieblingsalgen! Kannst du Gedankenlesen?« Im Hormonrausch hat Marie vergessen, dass sie beide Zebrafischlarven sind – beliebte Modellorganismen, deren Hirn man beim Denken zusehen kann. Zebrafische kennt man aus dem 08/15-Starter-Kit für einfallslose Aquarienliebhaber. Die Tiere sehen ziemlich unspektakulär aus und scheinen sich die längste Zeit zu fadisieren. Nur der erfahrene Biologe erkennt sofort das Potenzial dieser Fische – sie sind die Chuck Norris der Süßgewässer. Zwickt man ihnen die Schwanzflosse ab, bildet sich innerhalb von nur zwei Wochen eine neue nach. Knochen, Haut, Blutgefäße und Nerven – alles wandert genau dorthin, wo es hingehört. Eine enorme Regenerationsfähigkeit! Vielleicht ist das der Grund, warum Schönheitsoperationen unter Zebrafischen nicht sehr verbreitet sind – viel Geld, Schmerzen und nach zwei Wochen ist die Nase wieder genauso krumm wie zuvor. Man kann dem Fisch 20 Prozent einer Herzkammer entfernen, ohne dass es ihn groß kümmert. Nach kurzer Zeit ist das Gewebe praktisch narbenfrei wieder nachgewachsen. Zur Regeneration aktiviert der Fisch Herzmuskelzellen, die sich daraufhin teilen und das fehlende Herzstück ersetzen. Für den Menschen wäre das ein besonders nützlicher Trick, immerhin sind Herz-Kreislauf-Erkrankungen unsere Todesursache Nummer eins. Während unserer Entwicklung hat auch unser Herz eine hohe Regenerationsfähigkeit, die im Laufe unseres Lebens großteils verloren geht. Vielleicht können wir vom Zebrafisch lernen, diese Fähigkeit beizubehalten.

Auch das Nervensystem des Zebrafisches ist viel regenerationsfähiger als unseres. Zwickt man es aber durch, wird es auch ihm zu viel. In seinem Rückenmark finden sich viele Neurone, die tatsächlich nachwachsen. Aber einige spielen da nicht mit, zum Beispiel die Nervenleitung, die für den Fluchtreflex verantwortlich ist. Was beim Zebrafisch eine Ausnahme darstellt, ist beim Menschen leider die Regel. Über unser Rückenmark sagt unser Gehirn den Muskeln, was sie tun sollen. Erleidet man eine Rückenmarksdurchtrennung, zum Beispiel durch einen schweren Unfall oder eine ungeschickt verlaufene Operation, bleibt man sein Leben lang an den Rollstuhl gefesselt. Wir sind noch nicht dazu in der Lage, durchtrenntes Rückenmark von Patienten wieder zusammenwachsen zu lassen. Aber vielleicht können wir vom Zebrafisch lernen, wie wir das anstellen könnten. Wieder mal kommen uns die transparenten Larven zugute. In ihnen kann man den Nervenzellen live bei der Arbeit zusehen.

Dadurch lassen sich die unterschiedlichsten Substanzen auf ihre Fähigkeit testen, das Nervenwachstum anzuregen. Beim Fisch hat man dadurch bereits Wege gefunden, widerspenstige Nerven zu regenerieren. Dabei wachsen die durchtrennten Nervenbündel nach und sogar der widerspenstige Fluchtreflex funktioniert wieder tadellos. Wenn man einmal in der Lage sein wird, gelähmte Menschen wieder gehen zu lassen, werden wissenschaftliche Veröffentlichungen zum Zebrafisch sicherlich einen Beitrag geleistet haben. Der letzte bekannte Fall, in dem das angeblich geklappt hat, wurde publiziert im Lukas-Evangelium 5:17-26. Ist aber schon ein Weilchen her, und eine Versuchsgröße von n = 1 ist kaum erwähnenswert. Außerdem haben Zebrafische dabei keine Rolle gespielt.

Zebrafische haben also ein gutes Herz und starke Nerven. Das erklärt aber immer noch nicht, woher Jakob wusste, auf welche Algen Marie abfährt. Stellen Sie sich vor, andere Leute könnten sehen, was Sie denken. Zum Beispiel Ihre Partnerin, wenn Sie von ihr gefragt werden, ob sie zugenommen hat. Oder Ihr dreijähriger Cousin, der wissen möchte, wie toll Sie das Porträt finden, das er von Ihnen gemalt hat. Hand aufs Herz – wie tief würden Sie dann in der Klemme stecken? Zum Glück ist unser Kopf nicht transparent. Und selbst wenn er es wäre, würden wir nicht sehen können, was die Gehirnzellen gerade ausfressen. Die Zebrafischlarve hat diesen Luxus nicht. Durch ihren durchsichtigen Kopf ist ihr Gehirn für alle sichtbar, und 2013 ist es japanischen Wissenschaftlern sogar gelungen, ihre Gedanken zu visualisieren (Muto, 2013). Verraten Sie also keiner Zebrafischlarve Ihren Bankomat-Code! Wobei sie sich den mit ihren nur 100.000 Gehirnzellen sowieso nicht lange merken würde.

Wenn Neurone feuern, öffnen sich Kalziumkanäle in ihren Membranen, wodurch Kalzium in die Zellen einströmt. Die japanischen Forscher haben die Fische genetisch so verändert, dass in einem bestimmten Hirnareal – dem optischen Tectum – ein Lichtsignal abgegeben wird, sobald Kalzium in Gehirnzellen einströmt. Das optische Tectum ist für die Verarbeitung von visuellen Signalen zuständig. Durch die genetische Modifikation sieht man Gehirnzellen aufleuchten, sobald sie feuern. Mittels funktioneller Magnetresonanztomographie (fMRT) kann man zwar schon länger Gehirnaktivitäten messen, allerdings mit einer viel niedrigeren Auflösung, und fMRT misst eigentlich nicht die elektrische Aktivität des Gehirns, sondern lediglich die Durchblutung. Mit der neuen Methode sind Wissenschaftler besonders herzlos vorgegangen: Sie haben vor der Nase des Fisches mit Essen herumgewedelt. Dabei konnte man beobachten, wie die Gehirnaktivität im Fischkopf herumflitzt. Bewegte sich das Essen von links nach rechts, verlagerte sich die Gehirnaktivität von rechts nach links. Zählt das bereits als Gedankenlesen? Jedenfalls war es die bisher genaueste Echtzeitdarstellung von dem, was in einem Hirn geschieht. Und vermutlich möchte man die Gedanken von einem Fisch, dem man Essen vor die Nase hält, ohne es ihm zu geben, sowieso nicht hören. Aber wozu eigentlich diese Fixierung auf die Gedanken von Fischen? Kennen die irgendwelche geheimen CIA-Codes? Was, wenn wir nach Jahren der ressourcenfressenden Forschung feststellen, dass sie außer »Blub« nichts Weltbewegendes zu sagen haben?

2013 hat Barak Obama die Forschungsinitiative B.R.A.I.N. (Brain Research through Advancing Innovative Neurotechnologies) ins Leben gerufen. Das Ziel ist nicht weniger als die Kartierung des gesamten menschlichen Gehirns – eine Erfassung all unserer Nervenzellen. Was treiben die eigentlich den ganzen Tag? Wir wissen erstaunlich wenig über sie, weil unser Gehirn wirklich, wirklich, wirklich kompliziert ist. Es ist die komplexeste Struktur, die wir in diesem Universum bisher entdeckt haben. Um so etwas zu verstehen, muss man sich langsam emporarbeiten. Geplant ist die sukzessive Kartierung immer komplexerer Gehirne. Angefangen vom Fadenwurm C. *elegans* (302 Neurone) über Fruchtfliegen (250.000 Neurone) und Zebrafischlarven (100.000 Neurone), Mäuse (75 Millionen Neurone), Affen (6 Milliarden Neurone beim Makaken) bis zum Menschen (86 Milliarden Neurone). Ein tieferes Verständnis von unserem Gehirn wird uns nicht nur helfen, etwas über das mysteriöseste unserer Organe zu lernen, es könnten sich daraus auch neue Behandlungen für Krankheiten wie Parkinson, Alzheimer, Autismus, Schizophrenie, Depression und so weiter ergeben. Allerdings könnten auch futuristisch-ethische Dilemmata auftauchen, bei denen sogar gestandene Science-Fiction-Fans weinend zu ihren Muttis laufen.

Digitale Wurmhirn-Roboter

Stellen Sie sich vor, Sie wären ein Neurowissenschaftler im Jahr 2030. Wenn Sie morgens aufstehen, putzt Ihr Robo-Butler Ihnen die Zähne, während der 3-D-Drucker Ihre abbaubaren Einwegklamotten für den heutigen Tag ausspuckt. Voller Freude steigen Sie in Ihr selbstfahrendes Elektroauto, um in Ihr Computerlabor zu düsen. Heute ist der große Tag, Sie starten erstmals die Simulation eines menschlichen Gehirns auf Ihrem Superrechner. Sie werfen die Maschine an, starten die Software und klicken auf »Run«. Applaus unter Ihren Kollegen! Die Sache läuft! Jedes simulierte Neuron verhält sich genauso, wie man es von einem realen erwarten würde. Der Champagner wird aufgerissen, große Pläne werden geschmiedet und man diskutiert über die Heilung aller möglichen Gehirnerkrankungen. Am späten Abend sind die meisten Ihrer Kollegen bereits zu Hause oder liegen noch besoffener in der Ecke als gewöhnlich. Auch Sie spüren die Müdigkeit und beschließen, die Simulation zu beenden, um nach Hause zu fahren. Doch als Sie das Programm schließen wollen, scheint ein Textfeld auf Ihrem Bildschirm auf: »Bitte nicht beenden – ich bin zu jung, um zu sterben!«

Angenommen, es gelingt, ein menschliches Gehirn 1:1 in einem Computer zu simulieren, wäre es dann möglich, sich mit ihm zu unterhalten? Entwickelt es vielleicht sogar ein richtiges Bewusstsein? Fragen, die so schwierig zu beantworten sind, dass einem sogar resignierte Philosophen den Mittelfinger zeigen, wenn man sie darauf anspricht.

Als Streitschlichter muss der mikroskopisch kleine Fadenwurm *C. elegans* herhalten. Er ist nur einen Millimeter lang, transparent und kommt in zwei Ausführungen vor – männlich und Zwitter. Er ist praktisch überall zu finden. Wühlen Sie im Garten ein wenig im Dreck, Sie können sicher sein, dabei ein paar *C. elegans* auf die Nerven zu gehen. Der Wurm legt besonderen Wert auf die exakte Anzahl an Zellen in seinem Körper. Jedes Individuum besitzt genau 302 Neurone. Auch die Zahl der restlichen Körperzellen ist konstant – 959 Zellkerne beim Zwitter und 1031 Zellkerne beim Männchen. Ideale Voraussetzungen, um ihn als erstes Lebewesen vollständig in einem Computer nachzubauen! Das Open-Worm-Projekt ist ein Open-Source-Unterfangen mit dem Ziel, einen kompletten, funktionsfähigen *C. elegans*-Wurm in einem Computer zu simulieren. Zelle für Zelle soll das Tier digital nachgebaut werden, in der Hoffnung, dass sich der virtuelle Wurm in einer digitalen Umgebung wie sein reales Gegenstück verhält. Die größte Herausforderung ist dabei das Gehirn des Tieres. Zwar hat man die Verbindung zwischen den einzelnen Gehirnzellen mittlerweile gut untersucht, aber wird sich der simulierte Wurm tatsächlich so verhalten wie sein reales Vorbild?

Um das zu testen, wurde das digitale Wurmhirn in eine futuristische Hightech-Maschine gespeist: Einen Lego-Roboter. Er ist klein, weiß/grau, hat drei Räder, wovon zwei steuerbar sind, und würde auf einem Flohmarkt vermutlich für einen Euro den Besitzer wechseln. Der Roboter wurde mit Sensoren ausgestattet, die Sinneseindrücke zu dem Rechner weiterleiten, auf dem das digitale Wurmhirn simuliert wird. Fährt der Roboter gegen ein Hindernis, wird das mittels Echolot festgestellt und an das Rechenzentrum weitergeleitet. Die Nervenleitungen, mit denen *C. elegans* gewöhnlich seine Muskeln steuert, wurden bei der digitalen Variante mit den beiden Rädern des Roboters verknüpft. Startet man den kleinen Racker, weist er tatsächlich wurmartiges Verhalten auf! Er bewegt sich vorwärts, sobald man seine Nahrungssensoren aktiviert. Stößt der Roboter auf ein Hindernis, stoppt er, wendet und macht sich aus dem Staub. Das Erstaunliche daran ist, dass dem Roboter nie einprogrammiert wurde, was er tun soll. Niemand hat dem digitalen Wurm beigebracht, sich auf Futter zuzubewegen. Stattdessen hat sein simuliertes Gehirn dieses Verhalten selbstständig hervorgebracht.

Wenn es möglich ist, ein simples Wurmgehirn zu simulieren, das sich zumindest teilweise wie ein echtes verhält, warum sollte das nicht auch in größerem Umfang klappen? Könnten wir eines Tages ein digitales Menschenhirn in einen riesigen Lego-Roboter stecken und mit ihm durch die Straßen ziehen? Käme es einem Mord gleich, diesen Roboter wieder auseinanderzunehmen, weil man daraus doch lieber eine Lego-Burg basteln möchte? Schwer abzuschätzen. Aber vielleicht kann uns unser Lego-Freund in ein paar Jahren seine Meinung dazu sagen.

4. Kapitel

Wenn der Körper
Faxen macht

Menschen können nichts wirklich gut, außer Denken. Man könnte uns als Organismen bezeichnen, die Nahrung in Ideen umwandeln. Ein Adler erkennt seine Beute aus über drei Kilometer Entfernung, während wir oft ohne Brille nicht einmal die Speisekarte lesen können. Die Sicht des Vogels ist vier- bis achtmal besser als unsere. Trotzdem sind wir schneller darin, eine Nadel in einem Heuhaufen zu finden, weil wir dank unseres absurd großen Gehirns gelernt haben, Magneten zu verwenden. Solange unser Gehirn und unser Körper reibungsfrei zusammenarbeiten, sind wir die anpassungsfähigsten Tiere der Welt. Wir besiedeln Sandwüsten und Eisregionen, Wälder und hoffentlich bald sogar den Weltraum. Vermutlich hätten wir die mentale Kapazität, um alle großen Probleme der Welt zu lösen. Aber sobald wir uns die kleine Zehe stoßen, sitzen wir schluchzend in der Ecke und sind zu nichts mehr zu gebrauchen. Dann ist es vorerst vorbei mit den großen Ideen. Verletzungen und Krankheiten können hinderlich dabei sein, unser Potenzial zu entfalten. Sie können aber auch faszinierend und lehrreich sein. Wie eine ekelhafte Wunde, die man niemandem wünscht, aber ganz genau begutachten möchte.

Oft lernt man erst, wie etwas funktioniert, wenn man es kaputtmacht. Als Kind habe ich begeistert alle möglichen Dinge aufgebrochen, um zu sehen, was drinnen ist. Meine Stoppuhr, den toten Vogel im Garten und das Tagebuch meiner Schwester. Auch heute, als Molekularbiologe, lerne ich die Funktion eines Gens dadurch, dass ich es kaputtmache und schaue, was dann passiert. Vieles, was wir über den Körper wissen, verdanken wir Leuten, bei denen etwas kaputtgegangen ist. Geht im Gehirn etwas zu Bruch, können uns die Auswirkungen sogar unser ganzes Selbstverständnis überdenken lassen. Andere Defekte sind dagegen einfach ungewöhnlich und spannend. Dieses Kapitel beschäftigt sich mit ein paar der erstaunlichen Abweichungen vom menschlichen Normalzustand. Wenn es Ihnen zu heftig wird, blättern Sie ein paar Seiten zurück, zu dem Abschnitt übers Kuscheln und Umarmen. Aber kommen Sie danach wieder hierher zurück, von Krankheiten kann man viel Spannendes lernen.

Dr. Schmidt nimmt eine Stichprobe

Manchmal springe ich nachts aus dem Bett und schlage wütend gegen die Wände. Dabei ist es mir egal, ob die Nachbarn aufwachen und die Polizei rufen. Ich versuche, dieses Verhalten in den Griff zu bekommen, aber ich kann einfach nicht schlafen, bevor nicht jede gottverdammte Mücke zu einem rot-braunen Fleck an der Wand verwandelt wurde. Die Biester können einen in den Wahnsinn treiben, obwohl ihr Stich eigentlich nur ein wenig juckt. Justin Orvel Schmidt könnte darüber nur herzhaft lachen. Der 69 Jahre alte Insektenforscher aus Arizona hat orangene Haare, blaue Augen und wirkt wie ein durch und durch sympathischer Mensch.

Insekten lassen sich davon allerdings nicht beeindrucken. Der Wissenschaftler wurde in seinem Leben von über 150 verschiedenen Insektenarten aus aller Welt gestochen, und die Mücke ist im Vergleich zu den meisten davon ein Fliegenfurz. Keinen der Stiche hat sich Dr. Schmidt absichtlich antun lassen, die Schmerzen ergaben sich einfach aus seinem Berufsrisiko. Aber anstatt sich zu beschweren, nutzte der Insektenforscher die Gelegenheit, um die Stiche systematisch nach ihrer Schmerzhaftigkeit zu kategorisieren. Das Resultat ist der Schmidt-Stichschmerz-Index – eine Skala zur Einordnung von Schmerzen durch Insektenstiche (Schmidt, 2016). Sie reicht von 1 bis 4, wobei 1 noch halbwegs gemütlich ist und Nummer 4 für unbeschreibliche Höllenqualen sorgt.

Seine Beschreibungen der Stiche sind so bildhaft, dass sie problemlos mit großer Lyrik vergangener Zeiten mithalten können. Zum Beispiel beschreibt er den Biss von Feuerameisen mit einer Intensität von 1,2 als scharf und beunruhigend, als würde man über einen statisch aufgeladenen Teppich laufen, der einen elektrisiert. Seine Beschreibung eines Kurzkopfwespenstiches ähnelt der eines guten mexikanischen Chilis – reichhaltig, herzhaft und heiß. Er vergleicht es mit dem Ausdämpfen einer Zigarre auf der Zunge und gibt dem Stich die Intensitätsstufe 2. Zu den Hardlinern in seiner Sammlung zählt eine Wespe namens Tarantulafalke. Ihr Lifestyle ist so hardcore, dass volltätowierte Mitglieder einer Motorradgang neben ihr aussehen wie Salat liebende Muttersöhnchen. Um sich zu vermehren, betäubt das Insekt mit seinem Stachel ausgerechnet eine Vogel-spinne. Die Wespe schleppt ihr achtbeiniges Opfer danach rückwärts in ihren Bau, legt ein einziges Ei auf ihren Hinterleib und verschließt das Eingangsloch. So-bald die Larve schlüpft, beginnt sie an der Spinne zu knabbern. Dabei lässt das Neugeborene die lebenswich-tigen Organe aus, da die Spinne sich zwar nicht bewe-gen kann, aber ansonsten quicklebendig ist. Wie sich die Opfer der Wespe dabei fühlen, durfte Schmidt am eige-nen Leib erfahren. Er verglich den Stich des Tarantula-falken mit dem Gefühl, das man hat, wenn man im ge-mütlichen Schaumbad sitzt und plötzlich der Föhn ins Wasser fällt. Damit hat sich die Wespe die Stichschmerz-stärke 4 verdient. Ein anderer Forscher beschreibt den Schmerz als einen, der einem sämtliche Fähigkeiten raubt, außer zu schreien.

Der Schmidt-Stichschmerz-Index hat es erstmals er-möglicht, die Intensität von Insektenstichen miteinander zu vergleichen. Man kann zwar messen, wie viel Gift ein Insekt produziert und wie toxisch es ist, wie weh es tut, lässt sich aber schwer abschätzen, solange es nicht Leute wie Herrn Schmidt gibt, die viele Schmerzen ertragen haben, und sie in Relation zueinander setzen. Seine Be-geisterung für die Abwehrmechanismen von Insekten hat er laut eigener Aussage, seit er sich als Kind in einen Ameisenhaufen gesetzt hat. Als ich klein war, ist mir das auch einmal passiert, was aber lediglich zu einer Begeis-terung für Wundsalben und Brenngläser geführt hat.

Halbe Hirne

Das Ärgerliche am menschlichen Körper ist, dass jedes seiner Bestandteile früher oder später kaputtgeht. Bei den meisten Organen hat das schlimme Konsequenzen, die man aber nicht als unglaublich bezeichnen würde. Macht die Bauchspeicheldrüse Probleme, bekommt man Diabetes. Eine Schilddrüsenunterfunktion verlangsamt den Stoffwechsel, und ein kaputtes Knie stört beim Fahrradfahren. Beim Gehirn machen sich Defekte oft auf faszinierendere Weise bemerkbar. Zum Beispiel bei Patienten, die unter dem Capgras-Syndrom leiden. Sie haben keine Schwierigkeiten damit, Gesichter zu erkennen, bringen selbst aber keine angemessenen Emotionen damit in Verbindung.

Für die Betroffenen hat das zur Folge, dass sie glauben, ihnen nahestehende Personen seien durch identisch aussehende Doppelgänger ersetzt worden. Erstmals beschrieben wurde das Syndrom 1923 bei einer Dame, die man als Madame M. bezeichnet. Sie erkannte all ihre Verwandten problemlos wieder, war jedoch überzeugt, ihr Ehemann sei durch einen Doppelgänger ausgetauscht worden. Daraufhin verweigerte sie ihm den ehelichen Beischlaf. Als wäre das noch nicht schlimm genug, bat sie auch noch ihren Sohn darum, ihr eine Waffe zu besorgen. Zum Glück konnte die Polizei das Schlimmste verhindern. Erstaunlich wirkende Erkrankungen sind wohl der Preis, den man dafür zahlt, wenn man über ein so absurd großes und komplexes

Denkorgan verfügt. Trotzdem können wir froh darüber sein, ein solches zu besitzen.

Man soll sich ja nicht selber loben, aber wir sind schon eine verdammt kluge Spezies. Wir haben Raumschiffe gebaut, um Menschen auf den Mond zu schießen. Wir errichteten gigantische Teilchenbeschleuniger, die uns etwas über den Beginn des Universums verraten. Wir haben eine Technologie entwickelt, um Informationen in Lichtgeschwindigkeit um die Welt zu senden, und nutzen sie primär für Katzenvideos und Pornos. Darauf kann man schon ein bisschen stolz sein. Von allen Lebensformen dieser Erde haben wir das größte Gehirn im Vergleich zu unserer Körpermasse. Trotzdem findet man nur in unserer Spezies Individuen, die einen Raum betreten, nur um ihn Sekunden später kopfschüttelnd zu verlassen, weil sie vergessen haben, was sie eigentlich machen wollten. Dabei ist unser Denkorgan so hoch entwickelt, dass es eigentlich für zwei intelligente Spezies reichen würde.

Tatsächlich kann man ein menschliches Gehirn in der Mitte durchschneiden. Keine besondere Eigenschaft, möchte man meinen, das funktioniert mit einem Schnitzel auch. Das Spannendere am Gehirn ist allerdings, dass man es im Kopf eines Menschen durchschneiden kann, dem es danach sogar verhältnismäßig gut geht. Das Verhalten der Patienten nach der Operation zwingt Neurowissenschaftlern jedoch große philosophische Fragen auf. Angenommen, ich zerschneide mein Hirn in zwei Hälften, die nicht miteinander kommunizieren können, in welcher davon würde sich nach der Operation mein Bewusstsein wiederfinden – mein Ich? Die Ergebnisse dieser Forschung stellen unser Selbstverständnis als Individuen auf die Probe. Es scheint tatsächlich möglich zu sein, das menschliche Bewusstsein zu spalten – mit einem Messer.

Vorab ein paar Basics zu unserem faltigen Kopfbewohner. Um das Ganze übersichtlich zu machen, spreche ich hier von einem vereinfachten Standardgehirn. Es besteht aus zwei Hälften, die man als linke und rechte Hemisphäre bezeichnet. Verbunden sind sie über eine kleine Brücke aus Nervenbahnen, die *Corpus callosum* oder Gehirnbalken genannt wird. Er sorgt dafür, dass unsere Hemisphären Informationen austauschen können und vernünftig zusammenarbeiten. Die beiden Gehirnhälften haben sich auf unterschiedliche Aufgaben spezialisiert und müssen sich miteinander austauschen, um Informationen sinnvoll zu verarbeiten. Die Sprache wird zum Beispiel in der linken Gehirnhälfte produziert, die rechte ist dazu meist nicht in der Lage. Das *Corpus callosum* ermöglicht es, dass die Hemisphären harmonisch zusammenarbeiten und sich unsere Wahrnehmung aus der Aktivität beider Gehirnhälften zusammensetzt. Außerdem kann man, vereinfacht ausgedrückt, sagen, dass unsere linke Gehirnhälfte unsere rechte Körperseite steuert, während die rechte Hälfte für den linken Teil des Körpers zuständig ist.

Epilepsiepatienten haben weniger Freude mit ihrem Gehirnbalken. Ein epileptischer Anfall kann sich über das *Corpus callosum* von einer Hemisphäre auf die andere ausbreiten. Bei Patienten mit besonders schweren epileptischen Anfällen machte man früher deshalb kurzen Prozess und schnitt das *Corpus callosum* durch. Heute wird diese Therapie kaum noch angewandt, da man das Problem mittlerweile durch Pillen in den Griff bekommt. Die Split-Brain-Patienten des 19. Jahrhunderts haben uns aber viel über unser Gehirn und das Bewusstsein verraten (Gazzaniga, 1998). Dem Neurobiologen Roger Sperry haben sie sogar einen Nobelpreis eingebracht.

Unser Gehirn teilt sich die Informationsverarbeitung in unterschiedliche Bereiche auf. Wenn etwas links vor uns erscheint, nehmen wir es in unserem linken Sichtfeld wahr. Von dort gelangt die Information direkt in unsere rechte Gehirnhälfte und wird erst danach über das *Corpus callosum* in die linke Hemisphäre weitergeleitet. Sehen wir etwas in unserem rechten Sichtfeld, gelangt die Information zuerst in die linke Hemisphäre. Auch hier leitet das *Corpus callosum* die Information nachträglich an die rechte Hälfte weiter, damit alle grauen Zellen besprechen können, was zu tun ist. Wird das *Corpus callosum* aber durchtrennt, fehlt den Gehirnhälften die Möglichkeit, miteinander zu kommunizieren. Das Denkorgan verhält sich dann wie ein moralischer Ausrutscher in Las Vegas – was in einer Gehirnhälfte passiert, bleibt in dieser Gehirnhälfte.

Einige Split-Brain-Patienten waren nach ihrer Operation bereit, an Versuchen teilzunehmen. Für Neurowissenschaftler ist das deshalb besonders spannend, weil man sich bei diesen Menschen aussuchen kann, welcher ihrer beiden Gehirnhälften man etwas zeigen möchte. Je nachdem, ob man etwas auf der linken oder rechten Seite des Sichtfeldes erscheinen lässt, gelangt die Information in die gegenüberliegende Hemisphäre, ohne dass die andere etwas davon mitbekommt. In einem klassischen Experiment setzt man Split-Brain-Patienten geradeaus blickend vor einen großen Bildschirm und lässt für eine Zehntelsekunde das Wort »Schlüssel« auf der linken Seite des Sichtfeldes erscheinen, während im gleichen Moment auf der rechten Seite das Wort »Ring« sichtbar ist (Bayne, 2008). Auf diese Weise gelangt die Information »Ring« in die sprachfähige linke Gehirnhälfte, während die rechte Gehirnhälfte die Information »Schlüssel« erhält. Fragt man den Patienten, was ihm gezeigt wurde, antwortet er mit seiner sprachfähigen, linken Gehirnhälfte, dass er einen Ring gesehen hat. Wird der Proband allerdings aufgefordert, mit seiner von der rechten Hemisphäre gesteuerten, linken Körperhälfte auf das Objekt zu zeigen, das er gesehen hat, wird er auf einen Schlüssel zeigen und die ebenfalls zur Auswahl stehenden Ringe ignorieren. Fordert man den Teilnehmer dazu auf, das gesuchte Objekt mit verbundenen Augen aus einem Beutel zu ziehen, greift er mit der rechten Hand nach dem Ring, während sich die linke Hand den Schlüssel schnappt.

Nach der Durchtrennung des *Corpus callosum* arbeiten beide Gehirnhälften unabhängig voneinander. Tatsächlich können manche Split-Brain-Patienten nach der Operation mit beiden Händen zugleich unterschiedliche Zeichnungen malen. Ein Kunstwerk, das kaum jemand mit verbundenen Gehirnhälften zustande bringt. Es sind Fälle bekannt, in denen die beiden Körperhälften nach dem Durchtrennen des Gehirnbalkens in Konflikt gerieten. Ein Patient knöpfte mit einer Hand sein Hemd zu, während die andere Hand die Knöpfe unermüdlich wieder aufmachte. Ein anderer Patient versuchte genervt, seine Hose mit der rechten Hand anzuziehen, während die linke damit beschäftigt war, sie wieder loszuwerden. Ein anders Mal versuchte derselbe Mann mit der linken Hand seine Frau zu schlagen, während die rechte Hand ihn davon abhielt. Damit hätte sich die rechte Hand ein High-Five verdient.

Ein besonderer Fall unter Split-Brain-Patienten war ein junger Mann namens Paul S. (LeDoux, 1977). Er gehörte zu den wenigen Menschen, die über funktionierende Sprachzentren in beiden Gehirnhälften verfügen. Den Forschern war es dadurch möglich, beide Gehirnhälften zu interviewen, anstatt immer nur die linke. Wurde Pauls über seine linke Gehirnhälfte danach gefragt, was er einmal werden möchte, antwortete er mit »Zeichner«. Stellte man die gleiche Frage an seine rechte Gehirnhälfte, bekam man »Rennfahrer« als Antwort. Die getrennten Hemisphären von Paul hatten unterschiedliche Zukunftspläne entwickelt. Der Neurologe Vilayanur S. Ramachandran beschrieb den Fall eines Split-Brain-Patienten, der gefragt wurde, ob er an Gott glaubt (Ramachandran, 2006). Er sollte auf eine Tafel mit den Antwortmöglichkeiten »Ja«, »Nein« oder »Weiß nicht« zeigen. Stellte man die Frage an die rechte Gehirnhälfte, deutete der Patient mit der linken Hand auf »Ja«. Befragte man die linke Gehirnhälfte, zeigte die rechte Hand auf »Nein«.

Die rechte Gehirnhälfte war also religiös, während sich die linke atheistisch gab. Was bedeutet das aus theologischer Sicht? Kommt nur seine linke Gehirnhälfte in den Himmel, während die rechte in der Hölle schmoren muss? Würde er auf halbem Weg ins Jenseits von Petrus im Himmelstor eingeklemmt werden? Wissenschaftler interpretieren die Ergebnisse der Split-Brain-Forschung als einen Beleg dafür, dass die beiden Gehirnhälften nach der Durchtrennung des *Corpus callosum* unabhängig voneinander arbeiten. Obwohl sie noch im selben Kopf stecken und sich eine gemeinsame Blutversorgung teilen, haben sie kaum mehr miteinander zu tun als die Gehirne in den Köpfen zweier unterschiedlicher Menschen. Sie können verschiedene Zukunftspläne haben, unterschiedliche politische Meinungen und religiöse Empfindungen. Betrachtet man das Bewusstsein als Produkt der Gehirnaktivität, was die allermeisten Neurowissenschaftler tun, würde mit dem Gehirn auch das Bewusstsein gespalten. Der Biologe Lee Silver sieht darin ein ethisches Dilemma und stellt eine schwierige Frage: Wenn ein Split-Brain-Patient seine Situation nicht mehr aushält und seine sprachfähige linke Gehirnhälfte den Wunsch äußert, dass die rechte Hemisphäre operativ entfernt werden soll – wäre das ein medizinischer Eingriff oder Mord? (Harris, 2014)

Als Gedankenexperiment kann man noch viel weiter gehen. Wenn sich das Bewusstsein durch die Trennung einer neuronalen Verbindung zweiteilen lässt, könnte man es dann wieder zusammenführen, indem man das *Corpus callosum* repariert? Ist man dann noch weit von dem Gedanken entfernt, die Gehirne unterschiedlicher Personen durch eine neuronale Verbindung zu vereinen? Würden diese beiden Menschen nach der gelungenen Hirnfusion ein einziges Bewusstsein hervorbringen? Wenn sich das Gehirn zweiteilen lässt, ließe es sich dann auch in mehrere Teile spalten, die jeweils über eine geringere Intelligenz verfügen als das ursprüngliche Gehirn, aber alle ein eigenes Bewusstsein haben? Was bedeutet das für unsere Vorstellung, ein einziges, absolutes Bewusstsein zu besitzen? Oder gar eine individuelle Seele?

Unser Gehirn ist jedenfalls ein spannendes Organ, sogar wenn man es nicht durchzwickt. Wie cool ist es eigentlich, dass wir ein Organ besitzen, das über sich selbst nachdenken kann? Einer Prostata würde so etwas nie einfallen. Wenn man von Gehirnarealen spricht, die für einzelne Aufgaben zuständig sind, ist das eigentlich eine starke Vereinfachung. Radikale Neurowissenschaftler würden Ihnen für so eine Aussage in der Konferenzpause auflauern und Ihnen ein Gläschen Sekt über den Kopf schütten. Das Gehirn ist nämlich keine Ansammlung an separaten Arealen, sondern ein komplexes, unglaublich interaktives Netzwerk, dessen einzelne Bereiche sich nur bedingt in Schubladen stecken lassen. Umso erstaunlicher war die Erkenntnis der letzten Jahre, dass unser Gehirn für jede Person, die wir kennen, eine eigene Zelle hat. Ursprünglich gab man ihnen den spöttischen Namen »Großmutterzellen«. Eine Anspielung darauf, dass uns eine Gehirnzelle sagt, wer eigentlich diese alte Dame ist, die darauf besteht, dass wir uns noch mehr zu essen nehmen. Aber nicht nur Oma hat ihre eigene Gehirnzelle in unserem Kopf, sondern auch Opa, Money Boy und der Hund des Nachbarn.

Egal, über welchen Sinneskanal Sie die Information »Oma« bekommen – ob ausgesprochen, als geschriebenes Wort oder als Abbildung auf einem Foto –, es wird immer das gleiche Bild Ihrer Großmutter in Ihr Bewusstsein zaubern, denn all diese Eindrücke beziehen sich auf dieselbe Person. Es klingt naheliegend, dass diese Sinneseindrücke irgendwo zusammenlaufen müssen, um das gleiche Bild in unserem Kopf entstehen zu lassen. Auf der Suche nach diesen Großmutterzellen setzten der Neurowissenschaftler Rodrigo Quian Quiroga und seine Kollegen sieben freiwilligen Epilepsiepatienten Elektroden ins Gehirn ein und untersuchten die Nervenströme im mittleren Schläfenlappen des Gehirns (Quian Quiroga, 2009). Epilepsiepatienten nahm man deshalb zu Hilfe, weil zur Untersuchung von manchen Formen der Erkrankung ohnehin Elektroden ins Gehirn eingesetzt werden müssen. Das ist notwendig, um die Aktivität einzelner Neurone aufzeichnen zu können.

Den Teilnehmern wurden entweder Bilder von prominenten Personen gezeigt, oder deren Namen wurden vorgelesen beziehungsweise aufgeschrieben. Dabei stießen die Forscher immer wieder auf einzelne Neurone, die nur bei einem bestimmten Prominenten aktiv waren, und zwar unabhängig davon, ob den Teilnehmern ein Bild gezeigt wurde oder man ihnen den entsprechenden Namen niedergeschrieben oder vorgelesen hat. Bei einem Teilnehmer stieß man auf eine »Saddam-Hussein-Zelle«, bei jemand anderem erwischte man ein »Luke-Skywalker-Neuron«. Auf R2-D2 und C-3PO Zellen wurde nicht getestet. Das waren nicht die Droiden, die sie suchten. Dafür fand man einzelne Neurone, die auf Kategorien spezialisiert waren, beispielsweise »Figuren aus Star Wars«. Die Forscher stießen sogar auf eine Zelle, die sich auf den Versuchsleiter Quian Quiroga selbst spezialisiert hatte, woraus man geschlossen hat, dass sich diese neuronalen Repräsentationen in weniger als zwei Tagen bilden können. Wie es mit der Signalverarbeitung weitergeht, sobald ein bestimmtes Neuron aktiv ist, wird erst die zukünftige Forschung zeigen können. Bis dahin müssen wir uns mit dem Wissen zufriedengeben, dass Bekannte, selbst wenn sie uns nicht ins Herz geschlossen haben, zumindest ein Neuron für uns reserviert halten.

Mit Weißbrot ins Koma saufen

Es gibt Superkräfte, die von Hollywood schamlos ignoriert werden. Zum Beispiel die Fähigkeit, Gedanken lesen zu können – aber nur die eigenen. Die seltene Gabe, sich unsichtbar zu machen, wenn keiner hinsieht, oder sich an genau die Stelle zu teleportieren, an der man gerade steht. Ebenso die massiv unterschätzte Power, mit offenen Augen zu niesen, oder die Fähigkeit, von allem, was man isst, betrunken zu werden.

Matthew Hogg ist ein Mann mittleren Alters, lebt in England und kam mit einer körpereigenen Brauerei zur Welt (Reynolds, 2015). Verzehrt er eine Schüssel Reis, wacht er so verkatert auf, als hätte er am Vorabend drei Flaschen Rotwein getrunken. Was für Freunde des Ballermanns nach dem Paradies auf Erden klingt, macht Matthew wenig Freude. Während seiner Schulzeit hatte sich der eigentlich schüchterne Mann zeitweise wie ein wütender Alkoholiker aufgeführt und böse Dinge zu netten Menschen gesagt. Für gewöhnlich passierte das wenige Stunden nach dem Essen, was daran liegt, dass Matthew seine Nahrung in Alkohol umwandelt. Das war ihm aber nicht bewusst, bis er 20 Jahre alt war und diese seltene Erkrankung bei ihm diagnostiziert wurde. Zwei Jahrzehnte, in denen er fast jeden Morgen verkatert in den Tag starten musste. Und Sie dachten, sieben Tage Maturareise wären ein taffes Saufgelage!

Matthews Krankheit bezeichnet man als Eigenbrauer-Syndrom. In seinem Darm hat es sich eine größere Menge an Hefe gemütlich gemacht. Die einzelligen Pilze können Energie gewinnen, indem sie Kohlenhydrate vergären. Dabei wandeln sie Zucker in Kohlendioxid und Alkohol um. In der Bierbrauerei bringt die Hefe dadurch nicht nur den Alkohol, sondern durch das entstehende Kohlendioxid auch die Bläschen ins Bier. Im Darm hat es der Pilz gewöhnlich nicht so gemütlich wie im Gärungstank. Unser Immunsystem und eine Vielzahl an Darmbakterien sorgen dafür, dass sich die Hefe nicht ungehindert ausbreiten kann. Sie ist gewöhnlich zwar vorhanden, aber in so geringer Menge, dass aus dem Dauerrausch nichts wird. Wenn aber unsere Immunabwehr geschwächt ist, oder eine Antibiotikabehandlung unsere bakteriellen Darmbewohner dezimiert hat, kann es in seltenen Fällen passieren, dass die Hefe ihre Chance ergreift und sich in unserem Verdauungstrakt vermehrt. Unbekümmert wandelt sie dann stärkehaltige Nahrung wie Reis, Kartoffeln oder Brot in Alkohol um, der daraufhin ins Blut gelangt. Matthew wurde erstmals auf das Phänomen des Eigenbrauer-Syndroms aufmerksam, als er von einem Japaner gelesen hatte, der wegen Trunkenheit am Steuer festgenommen wurde, obwohl er keinen Tropfen Alkohol angerührt hatte.

Tatsächlich treten Fälle des Eigenbrauer-Syndroms vermehrt in asiatischen Ländern auf. Dort haben es die Hefekulturen im Darm zwar auch nicht leichter, dafür fällt es Menschen aus Japan, China, Vietnam oder Korea oft besonders schwer, Alkohol abzubauen. Ihnen genügt eine kleinere Menge an Darmhefe, um beschwipst zu werden. Während wir ein Bier nach dem anderen in uns hineinkippen, versucht unser Körper den Alkohol möglichst rasch wieder loszuwerden. In der Leber wird er von einem Enzym namens Alkoholdehydrogenase (ADH) in Acetaldehyd umgewandelt, später in Essigsäure und schlussendlich in Kohlendioxid und Wasser. In asiatischen Ländern hat ein großer Teil der Bevölkerung eine Mutation im ADH-Gen, oder einem der Enzyme, die den weiteren Abbau übernehmen. Manche Asiaten brauchen deshalb länger, um auszunüchtern, und bekommen einen knallroten Kopf, sobald sie sich ein Gläschen gönnen. Es ist deshalb wenig überraschend, dass der Liebe Augustin kein Chinese war, sondern geborener Wiener. Warum ist die Alkoholabbau-erschwerende Mutation in Europa so selten? Vermutlich, weil unsere Vorfahren solche Saufköpfe waren. Besonders im Mittelalter, als Bier eines der wenigen Getränke war, in dem es nicht vor Keimen wimmelte. Es war damals nicht unüblich, bereits den Kindern einen schaumigen Humpen vorzusetzen. Außerdem war Bier durch seinen hohen Kaloriengehalt eine willkommene Ergänzung zu der oftmals knappen Nahrung, da Bier auch dann gut schmeckt, wenn es aus minderwertigem Getreide hergestellt wird. Der gestandene Wiener bestellt deshalb bis heute beim Würstelstand eine »flüssige Semmel«. Im Mittelalter war es für Europäer demnach ein evolutionärer Nachteil, Alkohol nicht gut zu vertragen. Im asiatischen Raum spielte Alkohol zu dieser Zeit keine so dominante Rolle, und das Alkoholdehydrogenase-Gen konnte relativ unbemerkt vor sich hin mutieren.

Matthew Hogg hatte also Glück im Unglück. Die Hefe hatte er sich zwar eingefangen, dafür ließen ihn seine Gene beim Alkoholabbau nicht hängen. Trotzdem ist seine Erkrankung so stark ausgeprägt, dass sogar pilztötende Medikamente die Alkoholproduktion nicht vernünftig eindämmen können. Stattdessen ernährt er sich heute von einer kohlenhydratarmen Nahrung, die vorwiegend aus Fleisch, Fisch, Eiern und Gemüse besteht. Sein Alkoholspiegel bleibt dadurch auf einem angenehmen Niveau.

Auch Menschen ohne ausgeprägtes Eigenbrauer-Syndrom erzeugen eine gewisse Menge Alkohol im Darm. Gewöhnlich schafft man es dadurch aber nicht über 0,04 Promille Blutalkohol hinaus. In Österreich darf man sich mit bis zu 0,5 Promille Blutalkohol ans Steuer setzen, was mehr als zehnmal so viel Alkohol ist, wie eine gewöhnliche Darmkultur hervorbringt. Versuchen Sie bei der nächsten Verkehrskontrolle also erst gar nicht, den freundlichen Beamten für dumm zu verkaufen, indem Sie ihm etwas von körpereigenem Alkohol erzählen. Sie riskieren damit, zusätzlich zum Strafzettel noch eine Darminspektion zu bekommen.

Furchtlos durch Katzenkacke

Ich bin ein richtiger Draufgänger. Ein beinharter Typ, der sich nichts sagen lässt und nach seinen eigenen Regeln lebt. Erst neulich, als man mir Bonbons angeboten hat, habe ich mir nur eines genommen, obwohl auf der Packung »Nimm zwei« stand. Das Leben hat mich eben hart gemacht. Trotzdem wünsche ich mir manchmal, etwas furchtloser zu sein. So geht es vermutlich jedem irgendwann. Zum Beispiel, wenn wir uns nicht trauen, eine hübsche Dame anzusprechen. Oder wenn wir diese Dame zitternd bitten müssen, die langbeinige Spinne in der Ecke für uns zu fangen. Dabei hat Angst eine absolute Daseinsberechtigung. Sie ist die Stimme, die Ihnen »Das ist vielleicht nicht deine klügste Idee« zuflüstert, während Sie grinsend über den Zaun des Löwengeheges klettern. Aber könnte sich noch eine andere Stimme in Ihrem Kopf einnisten, die Sie sogar gerne als Großkatzen-Snack sehen würde? Könnte es eine mikroskopische Lebensform geben, die uns solche Flausen in den Kopf setzen will? Vielleicht ein exotischer Parasit aus den Tiefen des Urwalds? Oder reicht der Weg aufs nächste Katzenklo?

Auf den ersten Blick wirkt *Toxoplasma gondii* relativ unspektakulär, obwohl sich der einzellige Parasit gerne an ungewöhnlichen Orten herumtreibt. Er genießt es, seinen Alltag im Darm von Katzen zu verbringen. Die Tiere sind der Hauptwirt des kleinen Erregers. Der Verdauungstrakt ist der einzige Ort, an dem sich *T. gondii* sexuell vermehren kann, was vermutlich an der romantischen Atmosphäre liegt. Den Katzen ist das überraschend egal. Obwohl Toxoplasmen gelegentlich Durchfall verursachen, bekommen die pelzigen Haustiger meistens wenig von dem Liebesspiel in ihrem Verdauungstrakt mit. Sobald die Parasiten ihren Trieben nachgegangen sind, beglücken sie die Außenwelt mit ihren Eiern, die mit dem Katzenkot in die Natur abgegeben werden. In der Katze selbst macht es sich der Einzeller inzwischen im Nerven- und Muskelgewebe gemütlich, wo er sich für den Rest des Katzenlebens zur Ruhe setzt. In der Zwischenzeit harren die Erreger auf dem hinterlassenen Kothäufchen bis zu fünf Jahre aus und warten, bis jemand vorbeikommt, um sie mitzunehmen. Dabei ist ihnen so ziemlich jedes Wirbeltier recht – Vögel, Mäuse, Ratten oder Menschen. In diesem Zwischenwirt durchläuft *T. gondii* einen wichtigen Teil seines Entwicklungszyklus, mit dem glorreichen Ziel, am Ende wieder im Katzendarm zu landen. Ein typischer *T. gondii*-Lebenszyklus ist also Katzendarm – Zwischenwirt (zum Beispiel Ratte) – Katzendarm.

Sobald sich der Parasit seinen Weg in die Ratte erkämpft hat, um sich in dem Zwischenwirt ungeschlechtlich zu vermehren, möchte er sehnlichst wieder zurück in den wohlig warmen Katzendarm. Da sich *T. gondii* nicht als Zäpfchen tarnen kann, gelangt der Parasit am besten durch den Mund an sein Ziel. Es ist also im Interesse der Toxoplasmen, dass die infizierte Ratte gefressen wird. Erkennen Sie den Interessenkonflikt? Die Ratte selbst, sofern sie ein sinnerfülltes Leben führt, bevorzugt es meistens nicht, auf dem Speiseplan zu landen. Hinsetzen und über alles reden wird da zu keinem Kompromiss führen. Der Parasit hat einen effektiveren Weg gefunden, um dem Nager seinen Willen aufzuzwingen.

Ratten mögen den Geruch von Katzenurin nicht. Auch Sie würden vermutlich zustimmen, dass Katzenpipi als Eau de Toilette nichts taugt. Auf Ratten wirkt dieser Geruch aber regelrecht abstoßend, viel abstoßender als der Urin anderer Tiere. Sobald sie ihn wahrnehmen, suchen sie das Weite. Denn wo Katzenurin ist, treiben sich häufig Katzen herum, und wo Katzen sind, wird man als Ratte schnell zum Snack degradiert. Die Evolution hat deshalb Nager hervorgebracht, die beim Geruch von Katzenpipi Angst bekommen und abhauen. *T. gondii* passt das natürlich gar nicht in den Plan.

Im Jahr 2000 wollte die Wissenschaftlerin Joanne Webster in Oxford wissen, was Toxoplasmen mit den Ratten anstellen (Berdoy, 2000). Dazu hat sie die Nager in Gehege gesetzt, in denen sich vier Boxen befanden, die jeweils ein Schälchen einer Flüssigkeit beherbergten: Wasser, Rattenurin, Hasenurin oder Katzenurin. Die neugierigen Tiere begannen sofort damit, alle Boxen ergiebig auszukundschaften. Webster hielt bei dem Versuch fest, wie oft welche Box von den Tieren besucht wurde. Wie erwartet, vermieden es die meisten Ratten, neben der Katzenurinschale abzuhängen. Aber nicht alle waren so wählerisch. Tiere, die mit *T. gondii* infiziert waren, hielten sich sogar lieber in der Katzenurin-Box auf als bei dem Schälchen voll Wasser. Irgendwie gelingt es dem Parasiten, den Ratten die Angst vor Katzenurin zu nehmen. Anstatt panisch zu fliehen, fühlen sie sich von dem Geruch sogar angezogen. Überhaupt sind infizierte Mäuse unternehmungslustiger und gehen größere Risiken ein. Das erhöht die Chance, gefressen zu werden, und im null Komma nichts sind die Toxoplasmen wieder in ihrem geliebten Katzendarm.

Normalerweise macht das Ratten-Immunsystem mit Eindringlingen kurzen Prozess. *T. gondii* hat aber nicht nur gelernt, mit dem Immunsystem zu leben, sondern es sogar auszunutzen. »Fuck the system«, denken sich die Toxoplasmen, und dringen dabei gezielt in Zellen des Immunsystems ein. Darin angekommen, überleben sie nicht nur, sondern nutzen die Immunzellen als Trojanisches Pferd, um im Körper des Zwischenwirtes auf Wanderschaft zu gehen. Sie regen die Immunzellen zur Fortbewegung an und reisen darin durch die Ratte – bis in ihr Gehirn. Als würde man in GTA (Grand Theft Auto) ein Verbrechen begehen, nur um den herbeigerufenen Cops das Auto zu klauen.

Wie schafft es ein mikroskopisch kleiner Parasit, den Willen eines Säugetiers zu beeinflussen? Das ist noch nicht vollständig geklärt. Der Botenstoff Dopamin scheint aber eine Rolle zu spielen. *T. gondii* verfügt über ein Enzym, das die Produktion dieses Signalmoleküls beschleunigt. Die Dopaminkonzentration im Gehirn infizierter Zwischenwirte steigt dadurch an, wobei Dopamin bekanntermaßen Einfluss auf Angstzustände und das Belohnungsempfinden hat.

Der Zwischenwirt muss keine Ratte sein, auch ein Mensch kann sich die Einzeller einfangen. Tatsächlich sind weltweit rund ein Drittel aller Menschen mit Toxoplasmen infiziert. Das heißt nicht zwingend, dass diese Leute ihre Nasen so gerne in Katzenkacke stecken, wie es Nager tun. Aber seien Sie mal ehrlich, wie gründlich waschen Sie das Gemüse aus Ihrem Gartenbeet? Das ist nämlich ein beliebtes Vehikel zwischen Katzenkot und Mensch. Auch ungekochtes Fleisch macht sich bei der Übertragung gerne schuldig.

Für Menschen, die nicht schwanger sind und ein funktionierendes Immunsystem haben, ist eine *T.-gondii*-Infektion vorerst ziemlich unspektakulär. In seltenen Fällen kommt es zu Fieber, Halsschmerzen und Schüttelfrost, aber diese Symptome verschwinden nach ein paar Tagen wieder. Der Erreger bleibt allerdings im Körper, indem er Zysten in Muskeln und im Gehirn bildet. Er ist dann einer von vielen Parasiten, mit denen wir durchs Leben gehen. Aber hier endet die Geschichte noch nicht.

2011 hatten Studenten der Karls-Universität in Prag das fragwürdige Vergnügen, an verschiedenen Tier-Urinproben zu riechen (Flegr, 2011). Die Teilnehmer wussten dabei nicht, ob sie selbst mit *T. gondii* infiziert waren. Träger des Parasiten nahmen den Duft des Katzenurins dabei als weniger abstoßend wahr als nichtinfizierte Teilnehmer. Lässt sich damit erklären, warum sich Damen fortgeschrittenen Alters häufig aus dem gesellschaftlichen Leben zurückziehen, um als »Katzen-Ladys« ihre zehn Haustiger zu versorgen? Vermutlich nicht, denn es waren nur die männlichen, infizierten Versuchsteilnehmer, die Katzenurin als angenehmer riechend wahrnahmen. Bei Frauen fand man den umgekehrten Effekt, für sie war der Katzenurin-Duft abstoßender, wenn sie den Erreger in sich trugen. Das Verhalten der Damen scheint aus Sicht der Toxoplasmen wenig Sinn zu ergeben. Vielleicht hängt es damit zusammen, dass wir heutzutage selten von Katzen gefressen werden. Für den Parasiten sind wir deshalb eine entwicklungsbiologische Sackgasse, da bemüht sich *T. gondii* nicht einmal mehr richtig. Bei unseren Vorfahren könnte das aber anders ausgesehen haben. Affen landen gar nicht so selten auf dem Speiseplan von großen Wildkatzen. Und so sehr es unserem Ego als »Krone der Schöpfung« auch wehtut, biologisch betrachtet zählen wir nach wie vor zur Gruppe der Trockennasenprimaten.

Neben unserer Einstellung gegenüber Haustierfäkalien beeinflusst der Parasit noch weitere Aspekte unseres Verhaltens. Studien konnten zeigen, dass Toxoplasmenträger deutlich häufiger in Verkehrsunfälle verwickelt sind als nichtinfizierte Menschen (Flegr, 2002). Das Risiko ist dabei umso größer, je frischer die Infektion ist. Man vermutet, dass der Parasit zu einer schlechteren Reaktionszeit sowie einer erhöhten Risikobereitschaft führt.

Es ist eine merkwürdige Vorstellung, dass mikroskopische Einzeller in unser Gehirn krabbeln und unsere

Entscheidungen beeinflussen können. Vor allem, wenn diese Parasiten aus dem Hintern einer Katze kommen und uns nur dazu benutzen wollen, um wieder dorthin zurück zu gelangen. Aber auch wenn uns der Gedanke nicht gefällt, im Tierreich sind Parasiten wahnsinnig populär.

Die Larven des Saitenwurms *Spinochordodes tellinii* dringen in das Nervensystem von Heuschrecken ein und bringen sie dazu, ins Wasser zu springen. Dort ertrinken die Insekten, während die Parasiten aus dem Hintern klettern, um sich der fröhlichen Paarung zu widmen. Die männliche Assel *Cymothoa exigua* klettert über die Kiemen in das Maul von Fischen. Dort verspeist sie deren Zunge, klammert sich fest, verwandelt sich in ein Weibchen und übernimmt fortan die Zungenfunktion. Der Saugwurm *Ribeiroia ondatrae* kastriert Schnecken und lässt Fröschen zusätzliche Beine wachsen. Die Details erspare ich Ihnen. Ich wollte lediglich verdeutlichen, dass es Schlimmeres gibt, als eine Vorliebe für Katzenurin zu entwickeln. Auch wenn es *T. gondii* nicht auf unsere »Best Friends Forever«-Liste schaffen wird, ist es doch faszinierend zu sehen, wie ein Stück Katzenkot unser Denken beeinflussen kann. Es gibt eine Vielzahl an Parasiten, die den Menschen befallen können und insgesamt besteht unser Körper aus bis zu zehnmal mehr Mikroorganismen als eigentliche Körperzellen – die meisten davon sind nur dürftig erforscht. Eventuell hat man in ein paar Jahren für jede schräge Vorliebe den passenden Mikroorganismus als Ausrede parat. Auf jeden Fall müssen wir uns mit dem Gedanken anfreunden, dass wir in unserem Körper nicht das alleinige Sagen haben. Vielmehr sind wir ein wandelndes Ökosystem, zu dem jeder Bewohner einen kleinen Teil beiträgt. Also Kopf hoch, so unausstehlich man auch sein mag, wirklich alleine endet man nie.

5. Kapitel

Wissenschaftlich durch den Tag

In meiner Schulzeit habe ich viel Zeit damit verbracht, energisch in den Lehrbüchern zu stöbern. Meistens auf der Suche nach Bildern von doof aussehenden Leuten, um sie meinem Sitznachbarn zu zeigen und zu sagen »Das bist du«. In den naturwissenschaftlichen Fächern habe ich versucht, mich etwas besser zu konzentrieren. Vor allem, nachdem einer meiner Lehrer den Satz »Wissenschaft ist wie Sex mit dem Universum« von sich gab. Das hat ihm vielleicht einen stressigen Elternsprechtag beschert, weil danach nicht brav geheiratet wurde, aber effektiver kann man einer Klasse voll 16-Jähriger die Faszination Forschung kaum näherbringen.

Trotzdem hält sich hartnäckig der Glaube, dass einem Wissen um die Naturgesetze und deren Erforschung im Alltag wenig bringt. Das dachte sich auch Johannes XXI., der im Jahre 1276 zum Papst ernannt wurde. Ihm gefiel der Gedanke nicht, dass sich die Natur an Gesetze hält, woraufhin er diese Behauptung als Ketzerei definieren ließ. Die Gravitationskonstante fand das gar nicht lustig und ließ ihm wenige Wochen später das Dach seines Palastes auf den Kopf fallen. 1:0 für das Universum mit seinem makabren Humor.

Wer an seinem Leben hängt, sollte sich also nicht mit der Physik anlegen, aber was ist mit Molekularbiologie? Ist dieser Beruf nicht etwas zu weit entfernt vom Alltäglich-Nützlichen? Als Automechaniker kann man immerhin sein Auto reparieren und als Klempner seine Rohre. Molekularbiologen züchten Bakterienkulturen. Dafür braucht man keinen Doktortitel, da reichen ein Wurstbrot und ein feuchtes Versteck. Oft sind es aber genau solche unscheinbaren Versuche, die zu den spannendsten Ergebnissen führen. Und manche davon geben uns sogar Hinweise darauf, wie wir unseren Tag am besten hinter uns bekommen. Immerhin ist es die Aufgabe der Biologie, zu verstehen, wie Lebewesen funktionieren, und zu denen zählen Sie und ich nun einmal. Sehen wir uns also an, welche Tipps zur Alltagsbewältigung die Biologie für uns bereithält. Dabei arbeiten wir uns durch den Tag wie durch eine nicht enden wollende Tapasorgie und picken die besten Biohacks für jede Tageszeit heraus.

Morgens

Die größte Tragödie des Lebens besteht darin, dass wir jeden Tag mit seiner unangenehmsten Tätigkeit beginnen müssen – dem Aufstehen. Lassen Sie sich von keinem Hippie erzählen, dass die Liebe die stärkste Kraft im Universum ist, dieser Titel geht bereits an den abgrundtiefen Hass zwischen einem Menschen und dem Alarmton seines Weckers. Zum Glück hat die Biologie ein paar Tipps auf Lager, um dem Tagesbeginn seinen Schrecken zu nehmen.

Munter aufwachen

Im Bett bevorzugen wir es kurz, aber tief und effizient. Tatsächlich gibt es keine Primaten, deren Schlafverhalten mit der Effektivität der menschlichen Nachtruhe mithalten kann. Ohne falsche Scham verspüren zu müssen, können wir uns als waschechte Hochleistungsschläfer bezeichnen.

Keine andere Art verbringt weniger Zeit schlafend, und der Anteil des erholsamen REM-Schlafes ist bei keinem anderen Primaten so hoch wie bei uns. Eine mögliche Erklärung dafür fanden zwei Anthropologen an der Duke University in North Carolina (Samson, 2015). Sie verglichen das Schlafverhalten diverser Primaten. Der entspannte Graue Mausmaki zum Beispiel verbringt bis zu 17 Stunden am Tag schlafend.

Uns Menschen hingegen reichen rund sieben Stunden Nachtruhe problemlos aus. Während Lemuren oder Makaken nur fünf Prozent der Schlafenszeit in den für die Erholung wichtigen REM-Phasen verbringen, kommen wir auf satte 25 Prozent. Auch nachdem die Forscher für Körpergröße und andere Faktoren kompensierten, war der Mensch der unangefochtene Sieger in puncto Schlafeffizienz. Die Wissenschaftler vermuten dahinter einen evolutionären Selektionsdruck, der sich daraus ergibt, dass wir unsere Nachtruhe vom Baumgeäst auf den Boden verlegt haben.

Die Gefahr, Opfer eines Raubtierangriffs zu werden, ist abseits der Bäume deutlich höher. Da kann ein kurzer Schlaf das Risiko reduzieren, als Wildkatzen-Snack zu enden. Auf der anderen Seite konnten sich unsere Vorfahren dank Feuer und wachsamer Gruppenmitglieder eine relativ sichere Umgebung schaffen, in der es möglich war, besonders tief zu schlummern. Die Forscher verglichen außerdem das Schlafverhalten von Menschen in Industrienationen mit dem von Angehörigen ursprünglicher Kulturen. Dabei fanden sie keine nennenswerten Unterschiede, was darauf hindeutet, dass der effektive Schlaf eine universelle Eigenschaft des Menschen ist.

Trotzdem kennen Sie vermutlich das Gefühl, wenn Sie nach satten acht Stunden Schlaf völlig erschöpft versuchen, aus dem Bett zu rollen. Nicht nur die Schlafdauer entscheidet über unser Energielevel am frühen Morgen, sondern auch der Zeitpunkt, an dem wir das Traumland verlassen. In jeder Nacht durchlaufen wir mehrere Phasen von Leicht- und Tiefschlaf. In den Tiefschlafphasen verringert sich die Menge an wachheitsfördernden Neurotransmittern wie Orexin in unserem Gehirn.

Erwachen wir aus einer Leichtschlafphase, fühlen wir uns deshalb deutlich energiegeladener, als wenn wir aus einer Tiefschlafphase gerissen werden. Unser Wecker hat dafür aber gar kein Verständnis. Er reißt uns aus dem Schlaf, ob es unserem Gehirn gerade passt oder nicht. Heutzutage gibt es viele Apps und Gadgets, die erkennen können, in welcher Schlafphase wir uns gerade befinden. Dazu kann bereits ein Smartphone reichen, das in unserem Bett liegt und mit seinen Bewegungssensoren misst, wann wir uns mehr bewegen und wann wir eher stillhalten. Geweckt wird man dann nicht zu einer fixen Uhrzeit, sondern innerhalb eines zuvor eingestellten Zeitintervalls, sobald man sich in der Leichtschlafphase befindet. Smartphone-Verweigerer, die sich keinen teuren Schlafphasenwecker anschaffen wollen, können einen anderen Trick versuchen. Stellen Sie einen lauten Wecker auf die Uhrzeit, zu der Sie allerspätestens aufstehen müssen. Stellen Sie dann einen zweiten Wecker, der circa 30 Minuten vor dem anderen zu läuten beginnt, allerdings so leise, dass er Sie nur aus dem Leicht-, nicht aber aus dem Tiefschlaf reißen kann. Das Ziel ist es, vom leisen Wecker aufgeweckt zu werden, sobald man in den Leichtschlaf eintritt. Der laute Wecker dient dazu, dass Sie trotzdem Ihren Zug erwischen, falls Sie mal besonders tief im Traumland feststecken. Man muss ein paar Tage herumprobieren, bis die ideale Lautstärke gefunden ist, aber wenn Sie dadurch mit den richtigen Chemikalien im Gehirn in den Tag starten, hat es sich gelohnt.

Kaffee-Timing

Morgens gönne ich mir gerne einen heißen Kaffee, um schneller wach zu werden. Am besten funktioniert das, wenn ich ihn nicht trinke, sondern versehentlich über Computertastatur und Hose schütte. Davon werde nicht nur ich wach, sondern auch meine Nachbarn, die so lange mit dem Besenstiel gegen die dünne Wand pochen, bis meine Schimpftirade verstummt. Zugegeben, als tägliches Morgenritual verliert das spätestens dann an Reiz, wenn einem die Hosen ausgehen und man mit braun befleckter Kleidung zur Arbeit kommt. Die Kollegen glauben dann, man wäre zu inkompetent, um Kaffee zu trinken. Dabei haben diese Menschen vermutlich selber keine Ahnung, wie man das richtig macht. Die meisten Leute trinken ihren Kaffee nämlich falsch.

Unsere innere Uhr regelt die verschiedensten Abläufe in unserem Körper. Dazu zählt auch die Ausschüttung des Stresshormons Cortisol, das unter anderem unseren Wachheitsgrad beeinflusst. Zwischen acht und neun Uhr morgens erreicht unser Cortisol-Level sein Tagesmaximum. Es ist der Versuch des Körpers, Sie aufzuwecken. Zu dieser Zeit starten viele bereits in den Arbeitstag und greifen deshalb nach dem schwarzen Leistungselixier. Es klingt naheliegend, dass sich die stimulierenden Effekte von Cortisol und Koffein dabei ergänzen würden. Tatsächlich hat sich aber gezeigt, dass Kaffeekonsum während des Cortisol-Maximums nicht nur die Wirkung des Koffeins abschwächt, sondern langfristig auch eine größere Toleranz gegenüber dem schwarzen Heißgetränk aufbaut. Unabhängig von der Tageszeit ist unser Cortisol-Level auch direkt nach dem Aufstehen erhöht, man sollte deshalb mindestens eine Stunde warten, bevor man sich seinen Espresso gönnt. Am sinnvollsten ist Kaffee demnach zwischen 9.30 und 11.30 Uhr, denn ab Mittag bahnt sich bereits der nächste Cortisol-Peak an.

Rasieren

Ich durfte ein paarmal bei der Eröffnung des Wiener Life Balls mitarbeiten. Dazu wurde mir ein Bodypainting verpasst. Voraussetzung war, dass ich mir vorab die Beine rasiere. Das ist mir mehr oder weniger gelungen, aber meine Badewanne war danach so blutver-schmiert, dass ein professioneller Serienkiller bei dem Anblick in Ohnmacht gefallen wäre. Vielleicht liegt es an meiner Ungeübtheit, aber man hat mir gesagt, dass man sich an den blutigen Anblick gewöhnt. Wer sich damit nicht abfinden möchte, sollte das Rasieren in Zukunft früh morgens erledigen. Zu dieser Zeit sind unsere Blut-plättchen besser darin, Blut gerinnen zu lassen. Kleine Wunden hören dadurch schneller auf zu bluten. Und da Sie gerade in der Badewanne sind: Es ist Ihnen vermut-lich schon aufgefallen, dass Ihre Finger darin schrumpe-lig werden. Dabei handelt es sich nicht um ein passives Vollsaugen mit Wasser, sondern um einen aktiven Pro-zess des Körpers. Menschen, bei denen die Nervenbah-nen der Finger nicht funktionieren, behalten auch im Wasser stets jugendlich-glatte Finger. Was hat sich die Evolution dabei gedacht? Ganz genau weiß man es noch nicht. Versuche legen aber nahe, dass uns die Schrumpel-finger besser darin machen, nasse Gegenstände zu grei-fen. Die Wahrscheinlichkeit, dass Ihnen der Rasierer aus der Hand flutscht und die Katze skalpiert, sinkt also pro-portional zu der Zeit, die Sie in der Wanne verbringen.

Bei der Arbeit

Gratulation, Sie haben es wieder einmal geschafft, sich zur Arbeit/Schule/Uni zu schleppen. Jetzt wollen Sie produktiv sein und das meiste aus Ihrer Zeit herausholen. Deshalb checken Sie gleich mal Ihre Mails. Und wenn Sie schon dabei sind, auch noch Facebook. Und die Onlinezeitung. Hey, vielleicht hat sich inzwischen wieder etwas auf Facebook getan! »Haha, diese Katze hat aber einen lustigen Hut auf. Und wie doof sie in der Kartonschachtel sitzt.« Okay, so geht das nicht weiter. Sie müssen sich zusammenreißen und endlich etwas Sinnvolles machen. Alles, was es dazu braucht, ist ein wenig Willenskraft, nicht wahr? Hier gleich die schlechte Nachricht: Unsere Fähigkeit zur Selbstkontrolle ist limitiert und aufbrauchbar. Das Konzept der Ego-Depletion besagt, dass sich Willenskraft wie eine begrenzte Ressource verhält, die mit zunehmender Verwendung im Laufe des Tages abnimmt. So wie der Ladestand Ihres Smartphones. Manche Studien behaupten, das würde damit zusammenhängen, dass ein Akt der Willenskraft besonders viel Glucose verbraucht – ein Zucker, auf den unser Gehirn angewiesen ist. Willenskraft konnte demnach besser aufrechterhalten werden, wenn zuckerhaltige Getränke konsumiert wurden (Gailliot, 2007). In anderen Untersuchungen konnten Menschen ihre Willenskraft aber bereits dadurch kräftigen, dass sie ihren Mund mit einer Zuckerlösung spülten, ohne sie zu schlucken (Hagger, 2013). Kurzum – niemand weiß so genau, warum diese wünschenswerte Eigenschaft so flüchtig ist. Fest steht aber, dass wir uns nicht durchgehend zusammenreißen können, so sehr wir es auch wollen. Möchte man produktiver werden, braucht es einen nachhaltigeren Ansatz als permanente Selbstkontrolle – ein System.

Produktivität

Der entscheidende Unterschied zwischen Arbeit und Freizeit besteht darin, dass man in der Freizeit, auf einem Sofa sitzend, glücklich durch Facebook scrollt, während man in der Arbeit neben einem großen Papierstapel sitzend Facebook liest und sich dabei fühlt wie ein unproduktiver Versager. Man kann dieser schlechten Gewohnheit entgegenwirken, indem man sich einen Post-it-Zettel mit den Worten »Lass den Blödsinn« auf die Stirn klebt. Damit wird jedes Selfie zu einer Anti-Trödel-Mahnung. Das klingt vielleicht nach einem Spaßverderber, aber nüchtern betrachtet gibt es in Ihrem Leben sowieso nur zwei Dinge, die Ihnen Freude bereiten: Serotonin und Dopamin. Die beiden Neurotransmitter sind unsere Belohnung für erbrachte Leistungen – zum Beispiel das Erreichen einer guten Prüfungsnote.

Die Evolution hat uns leider nicht dafür optimiert, so abstrakte Ziele wie eine gute Benotung angemessen zu würdigen. Die evolutionär erfolgreichsten unserer Vorfahren waren diejenigen, die viele Kalorien zu sich nahmen und sich (und idealerweise auch jemand anderen) möglichst häufig zur Paarung motivieren konnten. Beide waren wohl schwierige Unterfangen, bedurften aber keiner wochenlangen Planung und sorgten, sofern erfolgreich, für einen raschen Schub an Glückshormonen. Unser Gehirn neigt deshalb dazu, Belohnungen, die in ferner Zukunft liegen, als weniger wertvoll anzusehen als solche, die sich in unmittelbarer Reichweite befinden. Der rasche Dopamin-Schuss durch eine spontane YouTube- oder Facebook-Session ist deshalb oft verlockender als die Aussicht auf ein gutes Prüfungsergebnis in drei Wochen. Obendrein ist die gute Note eine einmalige Belohnung, während Computerspiele oder Social Media deshalb so fabelhaft funktionieren, weil sie mit vielen kleinen, dafür sich wiederholenden Dopamin-Schüssen locken.

Hätten unsere Urahnen Universitäten in ihren Höhlen eingerichtet und gute Noten sexy gefunden, hätten wir diese Probleme heute nicht. Aber Jammern hilft nichts, unser Gehirn hat heute das Verlangen nach schnellen Belohnungen, und permanenter Internetzugang macht es besonders verlockend, dem nachzugeben. Wie also umgeht man diese Stolpersteine der Hirnchemie? Mit Tomaten! Genauer gesagt mit der Pomodoro-Technik (aus dem Italienischen »pomodoro«, für »Tomate«). Die Methode hat ihren Namen von der tomatenförmigen Küchenuhr des Erfinders und basiert auf der Idee, Langzeitaufgaben, deren Belohnung in ferner Zukunft liegt, in viele kleine Intervalle zu unterteilen, an deren Ende jeweils ein Dopamin-Schuss wartet. Dabei arbeitet man in 25-Minuten-Abschnitten, die von 5-minütigen Pausen unterbrochen sind. In den Pausen belohnt man sich und tut, was immer man für nötig hält, um seine Dopamin-Levels zu boosten. Danach geht es weiter mit 25 Minuten konzentrierter Arbeit, wobei nach jeweils vier Arbeitsintervallen eine längere Belohnungspause von 15–20 Minuten eingelegt wird.

Probieren Sie das ruhig einmal aus, man bringt dadurch unheimlich viel voran. Unser Gehirn freut sich über ein Arbeitsschema, das seinem Verständnis einer zufriedenstellenden Aufgabe entspricht.

Power Nap

Manchmal ist es sinnvoll, banale Dinge attraktiver zu machen, indem man ihnen exotische Namen gibt. Ich zum Beispiel betrachte es gerne als »Metabolic Remnants Management«, wenn ich meine Toilette putze. Dementsprechend sollten Sie es als »Power Nap« rechtfertigen, wenn Sie von Ihrem wutentbrannten Chef aus dem Mittagsschläfchen am Arbeitsplatz gerissen werden. Sollte Ihnen das passieren, haben Sie zumindest die Gewissheit, nicht in Japan aufgewacht zu sein. Dort ist das öffentliche Nickerchen nämlich so gut akzeptiert, dass es einen eigenen Namen bekommen hat – Inemuri. Im Land der aufgehenden Sonne ist ein sattes Schläfchen am Arbeitsplatz längst salonfähig, und im japanischen Parlament nicken Abgeordnete oft gruppenweise ein. Aus Sicht des Österreichers beneidenswert, ein schlafender Politiker kauft weder Eurofighter noch eine Hypo-Bank. Die Vorteile eines Power Naps sind mittlerweile gut untersucht. Trotzdem behaupten manche, es würde sie nur noch müder machen. Das kommt daher, dass wir im Westen die hohe Kunst des Inemuri noch nicht perfektioniert haben. Viele schlafen nämlich zu lange.

Wenn Sie zu Bett gehen, durchlaufen Sie zuerst drei Phasen von Non-REM-Schlaf, genannt N1, N2 und N3.

134

Die verschiedenen Stadien sind dadurch zu unterscheiden, dass sich die gemessene Hirnaktivität fortschreitend reduziert. Während der ersten beiden Phasen, N1 und N2, befinden Sie sich in einem leichten Schlafzustand. Die Muskelanspannung und die Aktivität Ihres Gehirns sinken. Bereits in N2 stoppen Sie die Wahrnehmung von Sinneseindrücken und Sie beginnen mit der Verarbeitung gelernter Informationen. Ein Erwachen aus diesen beiden Stadien führt nachweislich zu erhöhter Produktivität, Kreativität, besserem Erinnerungsvermögen und dem Gefühl, weniger müde zu sein. Aber wehe, Sie stellen Ihren Nickerchen-Wecker zu großzügig ein! Nach etwa 30 Minuten schaltet Ihr Gehirn in die Tiefschlafphase N3. Reißt Sie der Wecker aus diesem Zustand, dürfen Sie sich mit Schlaftrunkenheit, reduzierter Geschicklichkeit und dem überwältigenden Bedürfnis, wieder ins Bett zu kriechen, herumärgern. Ein effektives Mittagsschläfchen sollte deshalb zwischen zehn und 30 Minuten dauern. Wenn Ihnen ein Power Nap trotz der offensichtlichen Vorteile wie ein Ritual für alte Herren vorkommt, versuchen Sie die Hardcore-Version und trinken Sie unmittelbar vor dem Schläfchen einen Espresso. Die aufputschende Wirkung des Koffeins beginnt nach etwa zehn Minuten und erreicht nach einer halben bis dreiviertel Stunde ihr Maximum. Wenn Sie nach diesem Doppelbooster aufwachen, gibt es keine Ausreden mehr. Sie werden sich fühlen wie Obelix, nachdem er in den Zaubertrank gefallen ist, nur ohne metrosexuelle Zöpfe und Übergewicht.

Abends

Gratulation, Sie haben den Arbeitstag produktiv hinter sich gebracht und freuen sich darauf, daheim entspannen zu können. Aber bereits nach kurzer Zeit wird Ihnen langweilig, und Sie sehnen sich nach netter Gesellschaft. Dabei sind Sie gar nicht so alleine, wie Sie sich fühlen, bedenkt man die unzähligen Milben, die auf Ihrem Kopf leben. Daran ändert sich auch nichts, wenn Sie sich jetzt nervös selbst ohrfeigen, tagsüber verstecken sich die mikroskopischen Spinnentierchen nämlich an Ihren Haarwurzeln, genauer gesagt an den Haarwurzeln sämtlicher Menschen. Nur nachts trauen sich die achtbeinigen Tierchen hervor, um auf Ihrem Gesicht Sex zu haben. Auf die kleinen Krabbler wirkt Ihr Gesicht nämlich so anziehend wie ein Sadomaso-Playroom auf Anastasia Steele. Aber keine Panik, die Milben leben nicht besonders lange. Sie sterben, sobald sie vollständig mit Kot gefüllt sind, weil sie von der Evolution nicht mit einem Darmausgang gesegnet wurden. Das sind diese Kleinigkeiten, die man erst wertschätzt, wenn man sie nicht mehr hat.

Moskitos
Trotzdem bevorzugen Sie vermutlich die Gesellschaft von Lebewesen, die einen Darmausgang besitzen, so konservativ darf man ruhig sein. Sie rufen deshalb ein paar Freunde an und laden sie zum Abendessen auf Ihrer Terrasse ein. Wenig später sitzen Sie unterm

Sternenhimmel, kippen ethanolhaltige Erfrischungsgetränke in Ihren Mund und streiten mit Ihren Freunden darüber, welcher der coolste Power Ranger war. Ein perfekter Abend, möchte man meinen. Doch dann interveniert eine hinterlistige Lebensform, die noch intimer mit Ihnen werden möchte, als Ihre Gesichtsmilben: die Stechmücke. Im Gegensatz zur genügsamen Milbe gibt sie sich nicht damit zufrieden, auf Ihrer Haut zu krabbeln. Nein, sie möchte Ihre Barriere zur Außenwelt mit ihrem Stechrüssel durchdringen, um Ihr Blut zu trinken. Man kann es den kleinen Summern nicht übel nehmen, immerhin brauchen Weibchen diese Blutmahlzeit, um Eier bilden zu können. Aber wenn man zu den auserwählten Personen gehört, die besonders anziehend auf die Biester wirken, ist man von ihrer Zuneigung in etwa so begeistert wie ein Vorpubertärer von Vollkornbrot mit Brokkoli. Tatsächlich stechen Mücken bei manchen Menschen lieber zu als bei anderen, abhängig von dem Geruch der potenziellen Opfer. Große Menschen wirken attraktiver auf sie, weil sie mehr Kohlendioxid ausatmen, was anziehend auf die Tiere wirkt. Auch Leute, die schwanger sind oder Bier getrunken haben, werden häufiger gestochen. Wer trotz Babybauch zum Gerstensaft greift, bekommt von der Natur deshalb gleich doppelt eins ausgewischt. Die Liebe der Stechmücken zu uns ist also nicht bedingungslos, wobei wir nicht die einzigen sind, die darauf Einfluss nehmen. Auch unsere Hautbewohner rufen still und heimlich nach den nervigen Summern.

Der niederländische Malariaforscher Bart Knols wollte herausfinden, was genau die Plagegeister anzieht, und dachte sich dafür eines der brutalsten Experimente der Menschheitsgeschichte aus (Knols, 1996). Er setzte einen nackten Freiwilligen in einen großen Käfig voller Mücken und analysierte, wo diese zustachen. In der Fußregion hatte der tapfere Teilnehmer besonders viele Stiche abbekommen. Warum zieht es die Blutsauger ausgerechnet zu den Füßen hin? Ein Satz aus der Literatur brachte Knols auf die Fährte des Lockstoffes: »Käse riecht nach Füßen, nicht umgekehrt.« Stinkender Käse und Fußgeruch haben erstaunlich viel miteinander gemeinsam. Wenn Sie eine alte Sportsocke auf ein Stück Brot legen, würde es ein Blinder vielleicht erst bemerken, wenn er sich über die Konsistenz des Käsebrotes wundert. Der intensive Duft stammt nämlich in beiden Fällen von derselben Quelle: Brevibakterien.

Bart Knols gelang es, mit einem nach Füßen stinkenden Stück Limburger Käse Malariamücken anzulocken. Für den Geruch des Käses ist ein Bakterium namens *Brevibacterium linens* verantwortlich. Dessen enger Verwandter, *Brevibacterium epidermidis*, fühlt sich hingegen auf unserer Haut pudelwohl. Besonders auf unseren Füßen, da er eine Vorliebe für feuchte, salzige – kurzum verschwitzte Hautregionen hat. Käsesorten, die *B. linens* enthalten, werden zur Reifung deshalb mehrmals in Salzwasser getaucht – quasi als Fußschweiß-Ersatz. Nur so können uns die Einzeller durch ihre Schwefelprodukte mit dem herzhaft-würzigen Käsearoma beglücken, das Ihnen entgegenschießt, sobald Sie die Kühlschranktüre öffnen.

Auch die Mücken wissen diesen Duft zu schätzen. Das intensive Aroma des Käses wirkt sogar zwei- bis dreimal anziehender auf die Tiere als der Schweißduft des Menschen. In Afrika wird es deshalb zum Fangen von Malariamoskitos eingesetzt. Fußgeruch kann Leben retten! An einem Forschungsinstitut in Nairobi wurde eine Untersuchung durchgeführt, um herauszufinden, welche Form von Käsefalle die Plagegeister am effektivsten einfängt. Dabei lockte das stinkige Aroma dann besonders viele Mücken an, wenn es durch Hitze und Feuchtigkeit verstärkt wurde. Man hat den Käse deshalb, getrennt durch ein Filterpapier, über einem Gläschen voll warmen Wassers platziert. Das Ganze wurde in ein größeres Behältnis gesteckt, das ein kleines Mosquito-Eintrittsloch besitzt. Voilà, Sie sind nun in der Lage, ein Mücken-Fanggerät zu basteln. Wundern Sie sich aber nicht, wenn eines Tages Ihr Nachbar an die Türe klopft und sich beschwert, dass der Gestank aus Ihrer Wohnung sogar seine Zwiebeln zum Weinen bringt. Da spricht natürlich nur der Neid aus ihm, weil er in der Nacht zerstochen wird und Sie nicht.

Motten

Zugegeben, die Kosten-Nutzen-Rechnung ist bei der Käsefalle nicht ideal. 30 Minuten Bastelarbeit mit dem Resultat, dass es in Ihrem Zuhause riecht, als hätten Sie die Wohnung mit alten Tennissocken tapeziert.

Alternativ können Sie sich um die Ecke für 25 Cent eine Anti-Mücken-Kerze kaufen. Die ist langweilig und unkreativ, riecht dafür nach frischen Zitronen. Auf diese Art fangen Sie gleich zwei Fliegen mit einer Klappe: Sie halten Mücken fern und schicken Motten in ihr Verderben. Und wenn Ihnen etwas an Ihren T-Shirts liegt, bevorzugen Sie Ihre Motten wie ein gutes Stück Steak: angebraten und tot.

In der Natur legt die Kleidermotte ihre Eier in die Nester von Vögeln oder Säugetieren, wo sich die Larven nach dem Schlüpfen von Tierhaaren ernähren. Was in Ihren Augen der wollige Strickpullover von Oma ist, wirkt auf die Mottenlarve wie ein aus Pizzaschnitten bestehendes Bett, denn auch pflanzliche Stoffe werden von den gefräßigen Tierchen verputzt, allerdings nicht verdaut. Da sind die Larven für jedes Ihrer Haare dankbar, das auf dem Stoff hängen geblieben ist. Insgesamt wirkt das Leben der kleinen Gesellen nicht besonders aufregend, aber unterm Strich ganz angenehm. Wieso nehmen die ausgewachsenen Motten also jede Gelegenheit wahr, um bei der erstbesten Kerze Suizid zu begehen? Hatten sie für den Pullover einen Kredit aufgenommen, den sie nicht abbezahlen können? Da sie die Flamme ein paarmal umkreisen, bevor sie ihrem Leben ein Ende setzen, scheinen sie sich nicht einmal die Mühe zu machen, es wie einen Unfall aussehen zu lassen. Kleine Abschiedsbriefchen sind auch nirgendwo zu finden. Vielleicht suchen die Motten also gar nicht den Tod, und es handelt sich um ein großes Missverständnis. Immerhin gab es während des Großteils der Mottenevolution keine Kerzen. Stattdessen war der Mond der mit Abstand hellste Lichtpunkt in der Nacht. Der Erdtrabant ist so weit von unserem Planeten entfernt, dass sich seine Position am Himmel nicht merkbar verändert, wenn wir uns in seine Richtung bewegen. Er eignet sich deshalb hervorragend dazu, um nach einer durchzechten Partynacht im Dunkeln nach Hause zu finden. Wenn Sie auf dem Heimweg in einem konstanten Winkel in Richtung Mond marschieren, können Sie davon ausgehen, dass Sie nicht im Kreis laufen.

Insekten nutzen das gleiche Prinzip, um sich in gerader Linie fortzubewegen und nach der Nahrungssuche wieder nach Hause zu finden. Die Motte ist bemüht, das Licht des Mondes in einem konstanten, spitzen Winkel in ihr Komplexauge fallen zu lassen. Ist die Lichtquelle so weit entfernt wie der Mond, führt das zu einer geraden Fluglinie. Wenn jedoch eine Kerze das hellste Objekt ist, an dem man sich orientiert, führt das dogmatische Winkeleinhalten zu dem lebensmüden Verhalten, das wir bei Motten sehen. Die Tiere versuchen permanent ihre Flugrichtung zu korrigieren, da sich die Position des Lichts relativ zu ihnen ständig ändert. Aus unserer Sicht beobachten wir die Motte dabei, wie sie auf einer spiralförmigen Bahn in ihren Untergang stürzt. Das pelzige Flattertier selbst glaubt lediglich Kurskorrekturen vorzunehmen, um nicht von seinem Weg abzukommen.

Sie können sich dieses evolutionäre Schlupfloch natürlich zunutze machen, um Ihre Kleidung vor Motten zu schützen. Allerdings ist es nicht ungefährlich, daheim ständig Kerzen brennen zu haben, und es besteht die Gefahr, dass man Ihnen die Durchführung unheiliger Rituale unterstellt. Außerdem helfen Kerzen nicht mehr, sobald es den Motten einmal gelungen ist, ein paar Hundert Eier in Ihrem Kleiderschrank zu verstecken. In diesem Fall können Sie als umweltbewusster Öko-Freund zur biologischen Kriegsführung greifen und sich ein paar Eier der Schlupfwespenart *Trichogramma evanescens* besorgen. Ausgewachsen sind die Nützlinge in etwa so groß wie der Punkt am Ende dieses Satzes. Die winzigen Wespen sind Eiparasiten, das heißt, sie suchen die Eier der Motten auf und legen ihre eigenen Eier darin ab. Als Resultat schlüpfen aus den Motteneiern die kleinen Wespen anstelle der Motten. Dieser Vorgang wiederholt sich so lange, bis keine Motteneier mehr vorhanden sind und in Folge davon auch die Schlupfwespenpopulation zusammenbricht. Das Ganze funktioniert ziemlich gut, wenn Sie damit leben können, gleich zwei Insektenpopulationen auszumerzen. Aber hey, unsere Vorfahren haben sich nicht mühsam an die Spitze der Nahrungskette gekämpft, damit wir mit löchrigen Hosen durchs Leben gehen.

Mit diesen Tricks sind Sie nun besser für den Alltag gerüstet als ein Elitesoldat für eine Schneeballschlacht. Sie sind ein Schwarzgurt unter den Produktivitätsprofis. Der Chuck Norris der Insektenbekämpfung. Lediglich mit den Milben, die Sex auf Ihrem Gesicht haben, müssen Sie lernen zu leben.

Neben diesen wissenschaftlich inspirierten Alltagstipps hat die Biologie natürlich noch viel mehr für uns getan. Nicht zuletzt ermöglichte sie die Entstehung der modernen Medizin. Sie ist einer der Hauptgründe, warum die durchschnittliche Lebenserwartung in entwickelten Ländern seit 1840 täglich um rund sieben Stunden angestiegen ist. Sieben Stunden pro Tag geschenkt! Und trotzdem fehlen manchen Leuten die zehn Sekunden, um sich nach dem Toilettenbesuch die Hände zu waschen. Wenn Sie jemandem im Jahre 1840 gesagt hätten, dass die Menschen in weniger als zehn Generationen durchschnittlich mehr als doppelt so lange leben werden, würde man Sie vermutlich als Lügner beschimpfen und Ihnen eine Öllampe hinterherschmeißen. Wie würden Sie reagieren, wenn man Ihnen heute sagt, dass Ihre Enkelkinder vielleicht 200 Jahre alt werden und auf Mammuts in die Arbeit reiten könnten? Die Rate, mit der neue Erkenntnisse gewonnen und Technologien entwickelt werden, ist auf einem Rekordniveau. Wir haben uns daran gewöhnt, dass futuristisch wirkende Dinge bereits nach kurzer Zeit Realität werden können. Dinge, bei deren Anblick man zurzeit unserer Großeltern überlegt hätte den Scheiterhaufen wieder einzuführen. Durch Smartphones haben wir ununterbrochen Zugriff auf eine Ansammlung an Wissen, neben der die prächtigsten Bibliotheken der Welt wirken wie ein pralles Säckchen Kartoffelchips – enttäuschend inhaltsleer. In solchen Zeiten geschehen große technologische Sprünge oft schneller, als man erwarten würde.

1919 gelang es einem klapprigen Doppeldeckerflugzeug erstmals, den Atlantik in einem Non-Stop-Flug zu überqueren. Wie hätten die Zeugen dieses Ereignisses wohl reagiert, hätte man ihnen gesagt, dass nur 50 Jahre später Menschen auf dem Mond spazieren gehen werden?

In einer vergleichbar rasanten Umbruchsphase befindet sich derzeit die Molekularbiologie. Neue Techniken haben die Erforschung und Veränderung des genetischen Codes in den letzten Jahren dermaßen beschleunigt und vereinfacht, dass plötzlich an Projekten gearbeitet werden kann, die selbst aufgeschlossene Molekularbiologen vor wenigen Jahren als Utopie abgetan hätten.

Ich habe keine Zweifel daran, dass sich die Welt in 50 Jahren viel deutlicher von der heutigen unterscheiden wird, als die heutige von der Zeit, als meine Großeltern zur Schule gingen. Derzeitige Entwicklungen in der Molekularbiologie geben einen saftigen Vorgeschmack darauf, was in naher Zukunft möglich sein wird. Es ist immer ein wenig riskant, in einem Buch über die Zukunft zu spekulieren. Vielleicht finden es die Enkelkinder ja irgendwann auf dem Dachboden, lesen es, lachen den furchtbar naiven Großvater aus und stehlen ihm das Gebiss aus dem Mund. Verzogene Bengel! Aber ich verlasse mich darauf, dass die Generation meiner Enkel aufgrund der zunehmenden Verwendung von Emojis und Internetabkürzungen sowieso keine zusammenhängenden Sätze mehr lesen kann. Deshalb werde ich es im folgenden Kapitel einfach riskieren und über die Zukunft schreiben.

6. Kapitel

Was die Zukunft bringt

Nichts bereitet großen Denkern schlaflosere Nächte als die großen, unbeantworteten Fragen des Lebens. Goethes Faust wollte wissen, was die Welt im Innersten zusammenhält. »Die starke Kernkraft«, würde ihm ein zeitgenössischer Physiker lieblos zurufen und sich kichernd in seinen Teilchenbeschleuniger zurückziehen. Eine Antwort, mit der Faust wenig hätte anfangen können, da er sich lieber mit des Pudels Kern als mit Protonenkernen beschäftigte.

Ein anderer großer Denker, Albert Einstein, wollte wissen, was Zeit eigentlich ist. »Es ist Zeit, dass du sprechen lernst«, meinte seine Mutter, da Einstein erst im späten Alter von drei Jahren damit begonnen hatte. Der Physiker besaß keine besondere Begabung für Sprache, seine Gedanken waren eher visueller Natur. Man vermutet, dass ihm seine Neigung zur bildhaften Vorstellung erlaubt hatte, seine radikalste Idee zu entwickeln – die Relativitätstheorie. Sie stellt bis heute unser intuitives Verständnis von Zeit auf die Probe. Einstein konnte zeigen, dass unsere Vorstellung von einem gleichmäßigen Verstreichen der Zeit falsch ist und dass nicht nur hohe Geschwindigkeiten den Ablauf der Zeit beeinflussen, sondern auch große Ansammlungen an Masse. Zu seinem Glück stellte der Physiker seine Theorie auf, lange bevor «Deine Mutter«-Witze populär wurden. Durch seine Erkenntnisse über die Natur der Zeit konnte Einstein 1922 den Nobelpreis für Physik abräumen. Großzügig überließ er das Preisgeld seiner Exfrau, die daraufhin ihre eigene Zeithypothese aufstellte: Zeit ist Geld.

Die Erkenntnis, dass es kein absolutes Maß für die Zeit gibt, stellt die Frage in den Raum, was Gegenwart eigentlich bedeutet. Und die Neurobiologie macht die Sache noch komplizierter. Unser Gehirn benötigt rund 80 Millisekunden, um uns wahrgenommene Ereignisse bewusst werden zu lassen. Das entspricht einem Viertel der Zeit, die ein Augenzwinkern benötigt. Alles, was wir wahrnehmen, ist also ein kleines bisschen früher passiert, als uns bewusst ist. Im Gegensatz zur Relativitätstheorie, die tatsächlich die absolute Gleichzeitigkeit von Ereignissen infrage stellt, beeinflusst die 80-Millisekunden-Regel unseren subjektiven Eindruck davon, was simultan geschieht. Wenn Sie einen Film sehen, dessen Audiospur nicht perfekt mit dem Video übereinstimmt, ist eine Verzögerung von 80 Millisekunden die Grenze, ab der es Ihnen auffällt. Wobei dieser Effekt nicht graduell verläuft, sondern abrupt.

Probieren Sie es aus: Stellen Sie sich rund 25 Meter von jemandem entfernt auf und lassen Sie die Person langsam in die Hände klatschen. Auf diese Distanz braucht Schall etwas weniger als 80 Millisekunden, um zu Ihnen zu gelangen. Sie nehmen das Klatschgeräusch deshalb zeitgleich mit dem visuellen Eindruck der zusammenknallenden Hände wahr. Gehen Sie nun langsam zurück und achten Sie darauf, ab wann Ihnen die beiden Sinneseindrücke nicht mehr synchron vorkommen. Bei einem Abstand von etwa 30 Meter dürfte es so weit sein. Ab dieser Distanz braucht der Schall, abhängig von der Lufttemperatur, in etwa 80 Millisekunden, um Sie zu erreichen. Wenn Sie diesen Punkt gefunden haben, reicht ein großer Schritt nach vorne oder zurück, um die beiden Eindrücke gleichzeitig oder verzögert wahrzunehmen.

Obwohl uns die Gegenwart als die greifbarste aller Zeiten vorkommt, scheint es, als hätte sich die Physik mit unserem Gehirn zusammengeschlossen, um die Sache zu verkomplizieren. Auch die Vergangenheit hat so ihre Stolpersteine, gehen doch die Vorstellungen von vergangenen Ereignissen stark auseinander, abhängig davon, in welchem Kulturkreis man sich befindet. Ich widme dieses Kapitel deshalb dem Rückzugsort aller Zeit-Feiglinge: der Zukunft! Da dauert es zumindest ein Weilchen, bis man vorgeworfen bekommt falschzuliegen.

Veganer Döner mit Scharf

Frankreich gilt als einer der schönsten Orte Europas. Der Ruf des Landes ist so positiv und weit verbreitet, dass sogar eine vorübergehende psychische Störung nach seiner Hauptstadt benannt wurde: Das Paris-Syndrom. Es betrifft vor allem Japaner, die sich einen Urlaub im Land der krossen Baguettes gönnen. Warum ausgerechnet Japaner? Dort ist das Klischee von Paris als zauberhaft-romantische Stadt so verbreitet wie

kaum woanders. Die Asiaten erwarten eine fast sur-
real-magische Atmosphäre voll Musik und schönen
Frauen, die Wein trinken. Sobald sie das Land aber tatsächlich besuchen und sehen, wie jemand mit ärmel-
losem T-Shirt ein Baguette unter dem Arm transportiert,
es dann ungewaschen verspeist und danach auf den
Boden spuckt, wird ihr Weltbild so sehr erschüttert,
dass manche dem Wahnsinn verfallen. Ausgelöst wird
das Paris-Syndrom also durch die große Differenz
zwischen der Erwartungshaltung der Touristen und
der Realität der Stadt. Der Begriff wurde von einem in
Paris arbeitenden Psychiater geprägt. Die Symptome
umfassen mitunter akute Wahnzustände, Halluzinatio-
nen, Angst, Schwindel, Schwitzen und Herzrasen. Die
japanische Botschaft spricht von über einem Dutzend
Fälle pro Jahr, mitunter dem einer Frau, die plötzlich
glaubte, mit Mikrowellen attackiert zu werden, oder einem Mann, der sich plötzlich für Ludwig XIV. hielt.

Ich bin weder Japaner noch hatte ich jemals die
Gelegenheit, Paris zu besuchen. Aber ist es dort wirklich so schlimm?

Zugegeben, die Kochkünste der Franzosen wirken
etwas gewöhnungsbedürftig. Die französische Abneigung gegenüber Fast Food ist so groß, dass aus Trotz
sogar Schnecken verspeist werden, nur weil sie so langsam sind. Und dann erst diese Froschschenkel! Die werden dort sogar ganz feierlich verzehrt. Zum Beispiel in
Nantes, einer netten Großstadt im Westen Frankreichs.
Dort setzten sich im Jahre 2003 sechs Feinschmecker um

eine schick gedeckte Speisetafel. Auf dem weißen Tischtuch standen feine Froschhäppchen, deren Geschmack mit edlem Rotwein abgerundet wurde. Die gemütliche Atmosphäre wurde aber dadurch gestört, dass die Gourmets bei ihrem Festschmaus beobachtet wurden. Und zwar von dem Frosch, den sie gerade genüsslich verzehrten. Der saß gesund und munter in einem Aquarium neben dem Tisch, sah zu, wie er gegessen wurde, und dachte sich »Quark«, was vermutlich »WTF?!« bedeutet.

Wie schafft das dieser Frosch? Ist er am dritten Tage wiederauferstanden von den Toten und sprach »Nehmt und esst alle davon: Das ist mein Leib, der für euch hingegeben wird«? Vermutlich nicht, das Amphib wurde nämlich von niemandem gefragt, ob es bei der Party überhaupt dabei sein möchte. Dem Frosch wurden zuvor ein paar Muskelzellen entnommen, was zwar harmlos ist, aber trotzdem keine beliebte Freizeitaktivität. Diese Zellen ließ man über ein Biopolymer wachsen, um ein kleines Froschsteak zu züchten. Nach drei Monaten war das Schmankerl ausreichend herangewachsen. Nachdem es über Nacht in französischem Apfelbranntwein eingelegt, gebraten und mit Honig und Knoblauch verfeinert wurde, bat man zu Tisch. Zur Belohnung für die Strapazen durfte der großzügige Zellspender nach dem Festmahl in den hübschen Teich des nahegelegenen botanischen Gartens umsiedeln. Für den Frosch ging die Sache also glimpflich aus, da hatten die Feinschmecker, die das Steak verputzten, weniger

Glück. Die mussten den Froschsteak-Prototypen hinunterwürgen, obwohl er ihnen gar nicht schmeckte. So ein Aufwand, und dann besitzen die auch noch die Frechheit, sich zu beschweren. Man hatte das Steak zu kurz heranwachsen lassen, wodurch sich das Biopolymer nicht vollständig abbauen konnte. Dadurch erinnerte die Konsistenz weniger an einen Froschschenkel als an eine gelierte Socke. Die Gourmets waren vermutlich froh, dass das Steak nur wenige Zentimeter groß war.

Aber der Geschmack war nebensächlich. Vielleicht war eine gewisse Geschmacklosigkeit sogar beabsichtigt, schließlich handelte es sich um ein Kunstprojekt. Man wollte auf drei Dinge aufmerksam machen: Die Abneigung der Franzosen gegenüber künstlich verändertem Essen, die Geringschätzung der restlichen Welt gegenüber den französischen Froschschenkeln und die Möglichkeit, Fleisch zu erzeugen, für das kein Tier sterben muss.

Der britische Premierminister Winston Churchill hatte das bereits 1932 kommen sehen, als er meinte: »Wir werden der Absurdität entkommen, ein ganzes Huhn heranzuzüchten, nur um dessen Brust oder Flügel zu essen, indem wir diese Teile in einem passenden Medium separat heranzüchten.« Ob er bei dem Gedanken an ein labbriges Froschsteak auch so euphorisch gewesen wäre? Rein rational betrachtet erscheint der Umstieg auf ZellkulturFleisch – das ich fortan als Zleisch bezeichnen werde – sehr vernünftig. Ein durchschnittlicher Deutscher verputzt im Laufe seines Lebens geschätzte 4 Kühe, 4 Schafe, 12 Gänse, 37 Enten, 46 Truthähne, 46 Schweine und 945 Hühner. Also einen ganzen Bauernhof, die unzähligen Fische und Meeresbewohner nicht miteingerechnet. Damit liegt Deutschland durch seinen jährlichen Pro-Kopf-Fleischkonsum von 88 Kilogramm weltweit auf Platz 21. Österreich schafft es mit 102 Kilogramm auf Platz 7, und Spitzenreiter sind die USA mit atemberaubenden 120 Kilogramm verputztem Tier pro Jahr und Nase.

Das ist nicht nur für die Tiere blöd, sondern auch für das Klima, wofür, wie so oft, schlechte Tischmanieren verantwortlich sind. Genauer gesagt die Eigenschaft der Wiederkäuer, ständig vollkommen ungeniert zu rülpsen. Man darf ihnen das nicht übel nehmen, versuchen Sie einmal, nur Gras zu verspeisen und dabei fein rüberzukommen. In dem Vormagen der Tiere wird die schwer verdauliche Pflanzenzellulose von freundlichen Mikroorganismen vorverdaut. Dabei entsteht Methangas, das sich mithilfe eines würzigen Rülpsers seinen Weg in die Freiheit bahnt. Bis zu 500 Liter Methan produziert eine wiederkäuende Kuh pro Tag, was aus Sicht des Tieres zwar nicht weiter schlimm ist, wenn gerade keiner herschaut, für das Klima aber problematisch. Ein Methanmolekül hat eine 25-mal stärkere Treibhauswirkung als Kohlendioxid. An einer schlechten Skisaison sind rülpsende Kühe also nicht ganz unschuldig. Um noch eines draufzusetzen, schätzt die Welternährungsorganisation, dass sich der globale Fleischbedarf aufgrund des steigenden Wohlstandes und der anwachsenden Erdbevölkerung bis 2050 verdoppeln wird. Darüber freuen sich die Tiere genauso wenig wie die Umwelt.

Und genau hier könnte das Zleisch zeigen, wozu es fähig ist. Laut einer Studie der Oxford Universität würde die Produktion von Zleisch um 45 Prozent weniger Energie, 99 Prozent weniger Land und 96 Prozent weniger Wasser benötigen als herkömmliches Fleisch aus Europa und hätte dabei einen um 96 Prozent geringeren Treibhausgas-Ausstoß (Tuomisto, 2011). In Ökologie bekommt das Laborfleisch damit eine römische Eins. Und dabei werden nicht einmal die ethischen Vorzüge erwähnt. Wenn Sie versuchen abzunehmen, ist eine morgendliche YouTube-Suche nach »Industrielle Tierhaltung« oder »Schlachthof« deutlich effektiver darin, Sie vom Schnitzel fernzuhalten, als der strenge Blick von Sasha Walleczek. Das mit dem Fleischkonsum einhergehende Tierleid würde sich durch Zleisch massiv reduzieren. Startet man mit einer Zelle, die Stammzelleigenschaften besitzt, sich also sehr häufig teilen kann, könnte man aus einer einzigen Zelle mehrere Tonnen Fleisch herstellen. Man müsste also nicht für jeden Döner aufs Neue eine Muskelbiopsie durchführen.

Homegrown Burger – ein Kochrezept

Sie halten Ihren Nachbarn für einen grandiosen Selbstversorger, weil in seinem Garten drei Gurken und eine Tomate wachsen? Damit kann er bestenfalls die Beilagen zu Ihrem hausgemachten Zleisch-Burger liefern. Alles, was Sie dazu brauchen, ist ein großer Keller, ein paar hunderttausend Euro für Laborbedarf und jemanden, der bereit ist, Sie 30 Minuten mit seiner Kuh alleine zu lassen, ohne peinliche Fragen zu stellen. Am besten beginnen Sie mit dem unangenehmen Teil, der Muskelbiopsie, dann haben Sie es hinter sich. Dazu stechen Sie mit einer Nadel in den Muskel einer Kuh, wobei ein kleines Stückchen Muskelgewebe an der Spitze hängen bleibt. Das ist weniger tragisch, als es klingt, und wird bei Menschen meistens ohne Vollnarkose gemacht. In Ihrem Kellerlabor sehen Sie sich das gewonnene Burger-Rohmaterial genauer an. Dabei erkennen Sie verschiedene Zelltypen und suchen nach ganz bestimmten Exoten: Muskel-Stammzellen, auch Satellitenzellen genannt. Sie befinden sich an den Muskelfasern und haben die Aufgabe, neue Muskelzellen zu produzieren, wenn Schäden auftreten. Die Fähigkeit, eine Zelle zu verwenden, die sich oft teilen kann, ermöglicht es Ihnen, mithilfe einer einzigen Muskelbiopsie tonnenweise Fleisch herzustellen. Essen Sie aber nicht alles auf einmal, sonst wird Ihnen schlecht. Damit Ihre ausgewählten Satellitenzellen heranwachsen können, müssen Sie in einem Bioreaktor kultiviert werden. Bioreaktor ist ein aufsehenerregendes Wort für einen großen, mit Nährlösung gefüllten Behälter, in dem Faktoren wie Nährstoffzufuhr, Temperatur, Sauerstoffgehalt, pH-Wert etc. genau überwacht werden. Das alleine reicht Ihren Zellen aber noch nicht, um zu einem saftigen Stück Muskel heranzuwachsen. Damit sich die Zellen teilen, benötigen sie noch Wachstumsfaktoren in ihrem Medium. Traditionell gewinnt man diese aus dem Blut von Kuhföten und gibt sie in die Nährlösung. Das ist natürlich nicht im Sinne des Zleisch-Gedankens. Alternativ könnte man deshalb zusätzliche Zelltypen in dem Bioreaktor kultivieren, von denen die benötigten Wachstumsfaktoren in das Medium abgegeben werden. Bei Leberzellen konnte man beispielsweise zeigen, dass sie durch die Ausschüttung von Wachstumsfaktoren Satellitenzellen zur Teilung anregen. Und wenn alles vorbei ist, könnte man aus den Leberzellen vielleicht sogar eine leckere Pastete machen. Muskelfasern können sich nur entwickeln, wenn sie sich irgendwo festhalten können. Dazu genügen kleine Stückchen von Klettverschlüssen, zwischen die sich die Muskelfasern spannen. Insgesamt benötigt man rund 20.000 dieser winzigen Muskelstreifen, um genügend Material für ein Burger-Laibchen zu erzeugen.

Möchten Sie eine komplexere Form züchten, können Sie die Muskelzellen über ein Gerüst aus biologisch abbaubarem Material wachsen lassen, zum Beispiel Zellulose. In dem Nährmedium beginnen die Muskelfasern damit, spontan zu zucken. Durch elektrische Impulse können die Muskelfasern noch zusätzlich zur Kontraktion gebracht werden, was, ähnlich wie bei unserer Muskulatur, das Wachstum fördert. Ein Steak kann man auf diese Weise leider noch nicht züchten, es wäre zu dick. Die inneren Zellschichten würden nicht genügend Sauerstoff bekommen und absterben, da keine Blutversorgung vorhanden ist. Man müsste dafür ein kleines

Kanalsystem in den Fleischklops einbauen, woran mithilfe von 3-D-Druckern gearbeitet wird. Bis es so weit ist, müssen wir uns mit pressbarem Fleisch für Burger-Laibchen, Würste oder Faschiertes abfinden. Für einen netten Grillabend sollte das reichen.

Am 5. August 2013 war es endlich so weit. Das erste tiertodfreie Zleisch-Laibchen, hergestellt von dem Zleisch-Pionier Dr. Mark Post, wurde in London angebraten und von zwei Gastro-Kritikern verkostet. Sie fanden es ein wenig trocken, da es im Gegensatz zu herkömmlichem Fleisch keine Fettzellen enthielt. Ein Problem, das sich in den Griff bekommen ließe. Davon abgesehen schmeckte das Laibchen aber ganz passabel, was man sich von einem 250.000-Euro-Burger wohl auch erwarten darf. Zugegeben, solange ein Big-Mac 3,50 Euro kostet, wird dieser Burger die Welt nicht revolutionieren. Aber im März 2015 gab Dr. Post bekannt, dass die Kosten für die nächste Version des Burgers bereits auf lächerliche acht Euro gesunken seien und der Preis in zehn Jahren auf Augenhöhe mit konventionellem Fleisch sei.

Ob sich Zleisch durchsetzen wird, hängt weniger von der technischen Machbarkeit ab als von der Reaktion der Konsumenten auf Fleisch aus dem Labor. Viele Menschen werden es als zu unnatürlich ablehnen. Auf der anderen Seite schreckt niemand davor zurück, Erdbeerjoghurt zu essen, obwohl es auf der Welt bei Weitem nicht genügend Erdbeeren gibt, um den Bedarf an Erdbeeraroma zu decken. Als Folge befindet sich der größte

Fruchtanteil des Erdbeerjoghurts oft auf dem Bild der Verpackung. Wenn wir uns an so etwas gewöhnen konnten, klappt das hoffentlich auch bei Zleisch. Bis es soweit ist, müssen aber noch viele Fragen beantwortet werden. Während man in jüdischen Gemeinschaften noch darüber streitet, ob Zleisch koscher ist, haben muslimische Gelehrte bereits verkündet, dass Laborfleisch in Ordnung wäre, wenn die entnommenen Zellen und das Wachstumsmedium im Bioreaktor halal sind.

Wir könnten uns den ganzen Aufwand natürlich ersparen, wenn wir einfach auf Fleisch verzichten würden. Vernünftig angegangen, wäre das sogar gesund. Manchmal denke ich mir sogar, dass ich öfter zu einem Apfel greifen sollte. Aber dann fällt mir eine Frau namens Eva ein, bei der das Ganze ziemlich mies ausgegangen ist. Lieber nichts riskieren, eine komplett fleischlose Gesellschaft halte ich deshalb für unrealistisch. Dem Österreicher schmeckt sein Schnitzel viel zu gut, und wenn man den Bayern ihre Weißwurst durch einen Tofu-Block ersetzt, marschieren sie auf der Suche nach Schmoreintopf wieder in Polen ein. Dann doch lieber Fleisch aus der Petrischale. Ich denke, die Chancen stehen gut, dass wir in 50 Jahren kopfschüttelnd auf die Zeit zurückblicken werden, in der ein Tier sterben musste, nur damit man um drei in der Früh, mit zwei Promille Blutalkohol, Dönerklumpen im Nachtbus verteilen konnte.

Evolution ist ein Prozess, der nur wenige Milliarden Jahre braucht, um aus einem Schleimhaufen einen Menschen zu erschaffen. In den Augen vieler ein Schritt in die falsche Richtung, aber jetzt lässt es sich auch nicht mehr ändern. Mutation und Selektion sind sehr gut darin, Lebewesen immer komplexer und besser angepasst werden zu lassen. Dabei verhält sich die Evolution wie jemand, der einem Kind den Lolli klaut: Nicht besonders elegant, aber es funktioniert. Jede Eigenschaft, die Sie an Ihrem Körper schätzen, besitzen Sie deshalb, weil diejenigen Ihrer Vorfahren gestorben sind, bei denen diese Eigenschaft weniger optimal war.

Erwachsene Europäer können nur deshalb Milch trinken, weil die laktoseintoleranten Menschen während Hungersnöten weniger Nahrungsauswahl hatten und gestorben sind. Ein großes Opfer dafür, dass Sie keine Blähungen von Ihrem Venti-Half-Soy-Gingerbread-Frappuccino bekommen. Dass Sie nicht bei jedem Schnupfen tot umfallen, verdanken Sie all den Menschen, die in der Vergangenheit an Viren gestorben sind, die aus heutiger Sicht harmlos sind. Durch ihr Opfer wurde Menschen der evolutionäre Vortritt überlassen, deren Immunsystem besser angepasst war. Die Ausnahme bildet natürlich der berüchtigte Männerschnupfen, der zumindest nach Eigenangaben bis heute an eine Nahtoderfahrung grenzt.

Zusammengefasst funktioniert Evolution in etwa so: Die DNA der Kinder unterscheidet sich durch neue

Genkombinationen und spontane Mutationen ein bisschen von der ihrer Eltern. Sind die neuen Genvarianten
beim Überleben hilfreich, setzen sie sich durch. Nachkommen, deren Gene weniger gut an die Umwelt angepasst sind, sterben mit höherer Wahrscheinlichkeit,
bevor sie ihre DNA weitergeben können.

Dass eine Mutation Nachteile bringt, ist viel wahrscheinlicher, als dass sie sinnvoll ist. Auch wenn man
es in Hollywood nicht gerne hört, aber eine Mutation
führt viel seltener zu Superkräften als zu Krebs. Genetisch festgelegte Eigenschaften können deshalb nur
dann verbessert werden, wenn ein andauernder Selektionsdruck auf ihnen lastet. Anders ausgedrückt, wenn
eine lebensbedrohliche Umwelt die schlecht angepass-
ten Genträger beseitigt. Damit Sie sich heute so großartig fühlen können, musste die Evolution also über
mehr Leichen gehen als Dschingis Khan und Darth
Vader zusammen.

Wird das zwangsläufig so weitergehen? In den letzten Jahrzehnten hat die moderne Medizin viel Selektionsdruck von unserem Immunsystem genommen.
Auch für Eigenschaften wie unsere Sehschärfe interessiert sich die Evolution kaum noch, nachdem Brillen-
träger und scharfsehende Menschen die gleiche Lebenserwartung haben. In solchen Bereichen ist unsere
kulturell-technologische Entwicklung an unserer biologischen Evolution vorbeigerast. Natürlich ist es großartig, dass kurzsichtige Menschen nicht mehr aus dem
Genpool ausscheiden, nur weil sie den Säbelzahntiger

zu spät erkennen. Aber im Leben wird einem nichts geschenkt, und der Preis, den wir dafür zahlen, ist, dass nachteilhafte Mutationen, die beispielsweise Sehschwächen oder bestimmte Krankheitsanfälligkeiten hervorrufen, sich besser verbreiten können als in der Vergangenheit. Interessant, dass gerade an diesem Punkt in der Entwicklung unserer Spezies, einem Moment, in dem die Evolution in vielen Bereichen nur mehr mit halb-angezogener Handbremse arbeitet, die Menschheit lernt, ihre genetische Entwicklung gezielt zu steuern. Vielleicht sind zufällige Mutationen nur so lange die treibende Kraft in der Entwicklung einer Spezies, bis sie gelernt hat, ihr Genom selbst zu bearbeiten. Ob das gut ist oder nicht, hängt davon ab, wie erwachsen eine Gesellschaft mit der Fähigkeit umgeht, ihre Gene zu verändern. Nutzen wir sie, um den Menschen ein langes Leben bei bester Gesundheit zu ermöglichen, oder um fragwürdigen Schönheitstrends nachzulaufen? Unabhängig davon, ob einem der Gedanke gefällt, technisch wird es bald möglich sein, die drei Milliarden Buchstaben seiner DNA abzulesen und sich zu überlegen, ob man sie in diesem Zustand vererben möchte. Darüber sollte man sich Gedanken machen, bevor es so weit ist. Holen Sie sich also eine dampfende Tasse Tee, schlüpfen Sie in Ihre gemütlichen Socken und setzen Sie sich hin. Wir müssen über Genome-Editing reden.

In den Genen lesen

Es ist schwierig, ein Buch zu korrigieren, das man nicht gelesen hat. Mit der DNA verhält es sich nicht anders, weshalb man im Jahre 1990 damit begonnen hat, erstmals ein menschliches Genom zu sequenzieren. ATGCGTGAGTC ... und so weiter und so fort, eine Sequenz aus drei Milliarden Buchstaben, die sich über Jahrmilliarden geformt hat und froh ist, endlich abgelesen zu werden. Ein DNA-Faden ist etwa 400.000-mal dünner als ein menschliches Haar. Da reicht es nicht, einfach die Lesebrille aufzusetzen und die Augen zusammenzukneifen. Um unsere Erbinformation zu entschlüsseln, mussten die Forscher zeitaufwendige, indirekte Leseverfahren anwenden. Es hat drei Milliarden Dollar gekostet, damit über 1.000 beteiligte Wissenschaftler nach 13 Jahren intensiver Arbeit mit Stolz behaupten konnten: Wir haben das erste menschliche Genom sequenziert! Aber wessen DNA war das eigentlich? Das wissen selbst die Forscher nicht so genau. Die Erbinformation stammte nicht von einer einzelnen Person, sondern von mehreren Spenderinnen und Spendern, die anonymisiert ihre Blutproben bereitstellten. Wie das Resultat einer hemmungslosen Sexorgie, war das erste sequenzierte Genom also ein Mix aus der DNA mehrerer Leute, die sich nicht einmal kannten. Die Erbinformation verschiedener Menschen unterscheidet sich um nur etwa 0,1 Prozent ihrer Buchstaben, wobei die Anordnung der Gene die gleiche ist. Aus dem Gemisch der verschiedenen Spender konnte man deshalb eine relativ saubere

Buchstabenabfolge zusammenstellen. Was hat sich durch diesen Meilenstein der Molekularbiologie also geändert? Spontan nicht viel. Nur weil man die Buchstabenabfolge der DNA kennt, weiß man noch lange nicht, was diese überhaupt macht. Ziel des ganzen Aufwandes war es, ein digitales »Referenz-Genom« zu erstellen. Es dient als Landkarte der DNA, die uns verrät, welches Gen wohin gehört und aus welchen Buchstaben die einzelnen Abschnitte bestehen. Das alleine heilt noch keine Krankheiten, vereinfacht es nachfolgenden Forschern aber, mit menschlicher DNA zu arbeiten und weitere Genome zu entziffern. Das Referenz-Genom hat den Grundstein für modernere Sequenzierungsverfahren gelegt. Heutzutage kann man seine DNA deshalb für rund 1.000 Euro entziffern lassen. Verglichen mit den drei Milliarden Dollar des ersten Anlaufes ein echtes Schnäppchen. Damit ist Genom-Sequenzierung bereit, eine medizinische Routinemaßnahme zu werden, und mittlerweile ist die Erbinformation Tausender Menschen bereits aufgeschlüsselt. Diese Vielzahl an sequenzierten Genomen ist eine Goldgrube für die Forschung, die es erlaubt, neue Wege bei der Suche nach Behandlungsmöglichkeiten für Krankheiten zu gehen. Zum Beispiel, dass man den Kranken hilft, indem man die Gesunden untersucht.

Genetische Helden
Wenn Wissenschaftler eine genetisch bedingte Krankheit verstehen wollen, gehen sie dabei meistens nach einem altbewährten Schema vor:

1. Identifiziere den zugrunde liegenden Erbdefekt in einem Patienten.
2. Baue den Erbdefekt in einem Modellsystem (Zellkultur, Maus etc.) nach.
3. Analysiere den Krankheitsmechanismus.
4. Teste, wie man die Krankheitsausprägung abschwächen kann.
5. Veröffentliche in einem guten Journal, kassiere den Nobelpreis und sei der Held auf jeder Party.

Prinzipiell kein schlechter Plan, der bis inklusive Punkt 4 oft funktioniert. Aber was, wenn man einen krankheitsauslösenden Gendefekt in ein Versuchstier einbaut, das sich aber weigert, krank zu werden? Ist das dann gut oder schlecht?

Ringo, ein Golden Retriever, der 2003 in Brasilien auf die Welt kam, war einer dieser Fälle. Er und seine Wurfgeschwister wurden so gezüchtet, dass sie eine defekte Version des Dystrophin-Gens trugen (Vieira, 2015). Dystrophin ist ein Protein, das in Muskelfasern benötigt wird. Einer von 5.000 Menschen wird mit einem Defekt in diesem Gen geboren. Diese Leute leiden unter Muskeldystrophie Duchenne. Dabei treten erste Lähmungserscheinungen im Kindesalter auf, die im jungen Erwachsenenalter tödlich enden. Mithilfe der Hunde wollte man die Krankheit genauer untersuchen.

Bei Ringos Geschwistern hat das auch geklappt, bei ihm selbst allerdings nicht. Er erfreute sich bester Gesundheit bis ins hohe Hundealter, obwohl er den gleichen Gendefekt in sich trug. Warum wurde Ringo nicht krank? Man fand heraus, dass in dem Hund zufällig eine weitere Mutation aufgetreten war, die ihn vor der Muskeldystrophie schützte. Dabei handelte es sich um eine Mutation in einem Gen, die zu einer verstärkten Produktion eines Proteins namens Jagged1 führte. Das Gen wurde nie mit Muskeldystrophie in Verbindung gebracht, aber seine verstärkte Produktion konnte die Krankheitsausprägung in Ringo verhindern. Um den Fund zu überprüfen, wurde das Dystrophin-Gen daraufhin auch in Zebrafischen mutiert, woraufhin die Fische erkrankten. Mutierte man zusätzlich das Gen für Jagged1, blieben die Fische aber gesund. Durch Ringo sind die Forscher zufällig auf eine Mutation gestoßen, die den krankheitsauslösenden Defekt kompensiert – eine Rettungsmutation. Man sucht deshalb nach Medikamenten, die in der Lage sind, die Jagged1-Produktion zu erhöhen, um eine bisher unheilbare Krankheit behandelbar zu machen.

Als Forschungsmethode taugt es wenig darauf zu hoffen, dass Versuchstiere zufällig rettende Mutationen entwickeln. Aber vielleicht ist das gar nicht notwendig. Leute, die aufgrund eines Erbdefektes eine Krankheit entwickeln, sind medizinisch interessant und werden entsprechend untersucht. Aber wer interessiert sich für die Menschen, die aufgrund eines Erbdefektes eigentlich krank sein müssten, es aber nicht sind? Von denen hört man wenig, weil sie keinen Grund haben, zum Arzt zu gehen. Diese Leute wissen gar nicht, dass sie eigentlich krank sein müssten. Es ist an der Zeit, diese Leute zu finden, denn ihre Gene könnten verraten, wie man genetische Erkrankungen behandelbar macht.

Es gibt derzeit rund 7,4 Milliarden Menschen auf der Welt, und praktisch alle davon tragen irgendwelche krankheitsrelevanten Gene. Die Menschheit an sich ist vermutlich vollgestopft mit Rettungsmutationen, die wir aber nicht entdecken werden, solange wir uns nicht ausgiebig mit den Genen der gesunden Menschen beschäftigen.

Die Wissenschaft kennt Hunderte Mutationen, die Krankheiten verursachen. Die systematische Suche nach zusätzlichen Genmutationen, die Krankheiten verhindern, steckt dagegen noch in den Kinderschuhen. Einer der Pioniere auf dem Gebiet ist der amerikanische Forscher Stephen Friend. Er hat ein Projekt namens »The Resilience Project – A Search for Unexpected Heroes« ins Leben gerufen (Chen, 2016). Man schätzt, dass etwa einer von 20.000 Menschen ein »genetischer Held« ist. Das sind Leute, die eigentlich krank sein müssten, es aber nicht sind, weil sie durch eine Rettungsmutation davor geschützt werden. Um diese Helden zu finden, sammelt das Resilience Project DNA-Proben von einer Million freiwilligen Menschen rund um den Globus, die über 40 Jahre alt sind und nie an einer genetisch bedingten Kindheitserkrankung gelitten haben. Man testet diese Leute auf Gendefekte, von denen man weiß, dass sie eigentlich schwere Kindheitserkrankungen verursachen müssten. Da sie aber nicht erkrankt sind, muss sie irgendetwas davor bewahrt haben, sei es Nahrung, Umwelteinflüsse oder eben Rettungsmutationen. Letztere will das Projekt finden, um Therapien zu entwickeln. Obwohl es noch lange nicht abgeschlossen ist, wurden bereits Dutzende genetische Helden gefunden. Ihre Mutationen könnten zeigen, wo man ansetzen muss, um Krankheiten zu verhindern. Je mehr Genome sequenziert werden, desto leichter wird es für Bioinformatiker, in dem Datenhaufen Rettungsmutationen zu finden. Man wird also Patienten helfen können, indem man die Gesunden untersucht – ermöglicht durch die niedrigen Kosten der DNA-Analyse.

Gene umschreiben

Geht es Ihnen auch auf die Nerven, wenn Sie jemanden nach Rat fragen und als Antwort »Sei einfach du selbst« bekommen? Ganz ehrlich, Sie haben 21.000 Gene, ich lass mir von Ihnen nicht erzählen, dass es dabei nicht ein einziges gibt, das Sie gerne ändern würden. Wie wäre es mit einer *CCR5Δ32*-Mutation? Dadurch wären Sie immun gegen HIV und könnten sorgenfrei dem Barney-Stinson-Lifestyle nachgehen. Wenn Ihnen das zu radikal erscheint, beginnen Sie vielleicht mit einer kleinen Mutation in Ihrem *ABCC11*-Gen, das bestimmt, ob Ihr Ohrenschmalz eher feucht oder trocken ist. Es gibt riesige Datenbanken, die verraten, mit welchen Eigenschaften verschiedene Genvarianten verknüpft sind. Aber wären wir überhaupt in der Lage dazu, diese Sequenzen zu ändern? Wie so oft haben uns die Darmbakterien unter die Arme gegriffen. Genauer gesagt der Rockstar unter den Verdauungstraktbewohnern, das am besten untersuchte Bakterium der Welt: *Escherichia coli*. Bereits 1987 hat man in den Einzellern sich wiederholende DNA-Abschnitte entdeckt, mit denen man damals nichts anfangen konnte. Heute tragen die Sequenzen den klingenden Namen Clustered Regularly Interspaced Short Palindromic Repeats – kurz: CRISPR (gesprochen »Krisper«). Mittlerweile weiß man auch, was ihre Aufgabe ist. Sie sind Teil eines primitiven Immunsystems, mit dem sich die Bakterien gegen Viren verteidigen. Wird die CRISPR-Sequenz abgelesen, entsteht ein RNA-Faden. Er enthält eine Buchstabensequenz, die gezielt an eine Stelle im Genom von Viren binden kann. Sobald *E. Coli* infiziert wird, lagert sich die RNA an die DNA des viralen Eindringlings an. Das alleine nützt dem Bakterium aber noch nichts, deshalb bindet die RNA zusätzlich an ein Enzym namens CAS9 (gesprochen »Kas-nein«). Das Protein ist in der Lage, DNA zu zerschneiden. Bindet die CRISPR-RNA zusammen mit CAS9 an die Virus-DNA, wird das Erbgut des Eindringlings zerschnitten, bevor er Schaden anrichten kann.

Was hat das jetzt mit dem Verändern meines Genoms zu tun? Wo CAS9 einen Schnitt macht, wird alleine dadurch bestimmt, an welche Buchstabensequenz die CRISPR-RNA bindet. Möchte man einen Schnitt in einem anderen Gen machen, muss man dazu lediglich die CRISPR-Sequenz austauschen. Das System funktioniert nicht nur in Bakterien, sondern auch in höheren

Organismen wie uns. Um einen Schnitt in einem menschlichen Gen zu machen, muss man lediglich die entsprechende CRISPR- und CAS9-Sequenz in die Zelle einbringen. Die CAS9-DNA wird in der Zelle zuerst in RNA und dann in ein Protein umgeschrieben. Aus der CRISPR-Sequenz wird die RNA, die CAS9 verrät, wo ein Schnitt im Erbgut der Zelle gemacht werden soll. Der Bruch in der DNA kann entweder dazu genutzt werden, um das Gen zu zerstören oder um eine andere Gensequenz in die Lücke zu stopfen. Damit lassen sich vorhandene Gene ausschalten oder neue Gene einbringen. 2013 ist es zum ersten Mal gelungen, menschliche Zellen mithilfe des CRISPR-Systems zu verändern. Dabei war die Technik nicht einmal die erste, die solche genetischen Veränderungen erlaubt hat. Aber verglichen mit den älteren Methoden ist sie so einfach zu benutzen, dass sie in der Forschungscommunity gerade gehypt wird wie ein Sahnetörtchen auf einem Treffen der Weight Watchers.

Dem Verändern Ihrer Gene steht aber noch eine nervige Formalität im Weg: Sie müssen die CRISPR/CAS9-DNA in Ihre Zellen bekommen. Keine leichte Aufgabe, wenn man bedenkt, dass Sie zehn Billionen davon haben. Im Labor greift man dafür gerne zu Viren, die ziemlich gut darin sind, DNA in die Zellen von Lebewesen zu schmuggeln. Sie können sich vorstellen, dass diese Transportart nicht ganz risikofrei ist. Außerdem bekommt man CRISPR damit auch bei Weitem nicht in alle Zellen eines Organismus. Derzeit fehlt das richtige

Transportmittel, um das Genome-Editing-System im Körper zu verteilen. Ein Problem, das sich in manchen Fällen aber umgehen lässt, indem man Zellen aus dem Körper herausholt, sie genetisch verändert und danach wieder zurückstopft. Das bietet sich zum Beispiel bei Menschen mit HIV-Infektionen an. HIV dringt in uns ein, indem er an einen Rezeptor unserer Immunzellen bindet und seine DNA in das menschliche Genom integriert. Man arbeitet daran, infizierte Zellen und ihre Vorläufer aus dem Körper herauszuholen. Dort entfernt man mithilfe von CRISPR die virale DNA und das Rezeptor-Gen aus dem Genom. Ohne den Rezeptor kann der Virus nicht mehr in unsere Zellen eindringen. Die Immunzellen werden dadurch also nicht nur virenfrei, sie können auch nicht mehr infiziert werden. Danach müssen sie wieder in den ehemaligen Patienten eingepflanzt werden.

Die Entnahme der Zellen ist notwendig, weil man CRISPR viel leichter in einzelne Zellen bekommt als in einen ganzen Organismus. Aber jeder Mensch, jeder Elefant und sogar jeder Blauwal hat einmal als eine einzelne, winzig kleine Zelle begonnen. Kurz nachdem Sie sich auf dem Weg zur Eizelle Ihrer Mutter gegen Millionen von Kontrahenten durchgesetzt hatten, waren Sie eine einzelne Zelle, aus der sich ein ganzer Mensch entwickeln konnte. Hätte man Ihnen in diesem Zustand mittels CRISPR die Mutation für trockenes Ohrenschmalz verpasst, würde sie sich heute in jeder Zelle Ihres Körpers befinden. Aber keine Sorge, das bedeutet nicht, dass jede Ihrer Körperzellen plötzlich Ohrenschmalz produzieren würde. Zielt man auf andere Gene ab, könnte man damit seine Nachkommen zum Beispiel HIV-resistent machen oder ihnen Mutationen verpassen, die mit einem besseren Immunsystem, erhöhter Intelligenz, stärkerer Muskulatur, längerer Ausdauer, erhöhter Empathie und so weiter einhergehen. Sie können sich vorstellen, dass diese Möglichkeiten auf starke Meinungen stoßen. Viele Menschen haben sich allerdings noch keine Gedanken zu dem Thema gemacht, weil die Idee, die eigenen Nachkommen genetisch zu verändern, bis vor Kurzem noch Science Fiction war. Mittlerweile wurden die ersten Schritte in diese Richtung aber bereits gemacht.

Im April 2015 haben chinesische Forscher eine Arbeit veröffentlicht, die für großes Aufsehen sorgte (Liang, 2015). Zum ersten Mal wurde CRISPR an menschlichen Embryos angewandt. Genauer gesagt an Zygoten, das bezeichnet Zellen unmittelbar nach dem Verschmelzen von Samen- und Eizelle. Man hat versucht, einen Gendefekt zu reparieren, der zu einer Bluterkrankung führt. In die Zygoten wurde CRISPR/CAS9-DNA injiziert, zusammen mit einer DNA-Vorlage, auf der sich die gesunde Genvariante befand. Nach 48 Stunden hatte CRISPR seine Arbeit erledigt. Die Embryonen bestanden mittlerweile aus acht Zellen und wurden untersucht. Das Ergebnis war nicht sehr berauschend. Nur wenige Embryos konnten den Gendefekt reparieren. Außerdem waren die genetischen Veränderungen nicht besonders präzise, es wurde auch an Genen herumgeschnipselt, an denen CRISPR nichts verloren hatte.

Ist das Kapitel Genome-Editing damit abgeschlossen? Keinesfalls. Innerhalb kürzester Zeit wurden Methoden entwickelt, durch die CRISPR um ein Vielfaches präziser arbeitet als mit der Technik, die von den chinesischen Forschern verwendet wurde. Dass es mehrere Embryonen benötigt, bis einer die gewünschten Eigenschaften zeigt, ist auch nicht neu. Schließlich werden bei einer künstlichen Befruchtung auch viele Embryonen erzeugt, wovon die Frau nur die vielversprechendsten verpflanzt bekommt. Das Verändern menschlicher Gene wurde mit der Zeit immer einfacher und präziser. Das wird sich in Zukunft nicht ändern. Mittlerweile ist der Punkt erreicht, an dem Forscher sich erstmals vorsichtig zutrauen, sich an die menschliche Keimbahn zu wagen und die Evolution ein Stück weit in die eigene Hand zu nehmen. Vernünftig eingesetzt könnte das einen großen Sprung für die Medizin bedeuten. Auf lange Sicht wäre es vielleicht sogar ein Meilenstein in der Entwicklung unserer Spezies. Auf der anderen Seite besteht natürlich auch die Gefahr des unethischen Gebrauchs dieser Fähigkeit. Ich muss Ihnen ehrlich sagen, ich weiß selbst nicht, was ich davon halten soll. Auf jeden Fall ist es vermutlich die spannendste Zeit, um sich mit Molekularbiologie zu beschäftigen. Eine Zeit, in der wir damit beginnen, unsere Erbinformation bearbeiten zu können. Aber selbst wenn wir es eines Tages schaffen, die Buchstabenabfolge unserer DNA nach Belieben umzuschreiben, hätten wir damit noch keine vollkommene Kontrolle über die Vererbung unserer Gene. Die Abfolge der Buchstaben entscheidet nämlich nicht im Alleingang darüber, was vererbt wird. Auch unsere persönlichen Lebensbedingungen könnten einen Einfluss darauf haben. Verlassen wir gerade den Bereich der Naturwissenschaften und betreten den sagenhaften Raum der mystischen New-Age-glitzerspuckenden Einhörner? Ich muss Sie enttäuschen, dazu hätten Sie sich ein Buch aus dem Esoterik-Regal besorgen sollen. Ich spreche von einem der faszinierendsten Themen der Molekularbiologie: der Epigenetik.

Vererbte Erfahrung

In den 1880ern hat der deutsche Evolutionsbiologe August Weismann Mäusen die Schwänze abgeschnitten (Weismann, 1889). Das tat er nicht nur bei ihnen, sondern auch bei deren Kindern. Und Kindeskindern. Und Kindeskinder-Kindern, bis in die 22. Mäusegeneration. Der Mann war offenbar sehr geduldig und kein großer Mäusefan. Er wollte herausfinden, wie Vererbung funktioniert. Werden zu Lebzeiten erworbene Eigenschaften an die Nachfahren weitergegeben? Kommt die Giraffe deshalb mit so einem langen Hals zur Welt, weil Mama und Papa Giraffe ihren Hals immer nach den Blättern strecken mussten? Sind die Hintern von Pavianen deshalb so rot, weil ihre Eltern zu oft übers Knie gelegt wurden? Wenn das der Fall ist, müssten die Nachkommen der gestutzten Mäuse ebenfalls mit kürzeren

Schwänzen geboren werden. Weismann führte sein Experiment geduldig über mehrere Mäusegenerationen durch. Bis er darauf hingewiesen wurde, dass es religiöse Strömungen gibt, die ein ähnliches Experiment schon viel länger am Menschen durchführen. Und bis heute ist noch jeder mit einer Vorhaut auf die Welt gekommen.

Dank Charles Darwin wissen wir heute, wie Evolution funktioniert. Mutation bringt zufällige Varianten von Erbgut hervor. Die Nachteilhaften gehen durch den gnadenlosen Überlebenskampf verloren. Mutation und Selektion also. Darwin kam zu dieser Erkenntnis, lange bevor man etwas über Gene wusste. Er sprach deshalb nicht von Mutation, sondern Variation, ohne überhaupt zu wissen, was genau es eigentlich ist, das da variiert. Sein älterer Zeitgenosse Jean-Baptiste de Lamarck erkannte bereits vor Darwins Geburt, dass sich die Arten mit der Zeit verändern. Allerdings hatte er eine andere Erklärung dafür, wie neue Eigenschaften entstehen. Laut ihm gibt man Eigenschaften, die man zeit seines Lebens erworben hat, an seine Nachkommen weiter. Nicht umsonst werden die Kinder von Bäckern häufig Bäcker und die Kinder von Schmieden häufig Schmied. Heute scheint der Streit Darwin versus Lamarck geschlichtet zu sein. Der Mechanismus der Vererbung ist geklärt. 1:0 für Darwin. Und doch gibt es ein Phänomen, das Lamarck ein schadenfrohes »Ich hab's doch gesagt«-Lächeln auf die Lippen gezaubert hätte: Epigenetik.

Die Buchstabenabfolge unserer DNA bestimmt den Aufbau der Proteine, aus denen unser Körper besteht. Wann und wo diese Proteine erzeugt werden, ist allerdings noch auf einer weiteren Ebene reguliert – der epigenetischen. Epigenetik bedeutet »über die Genetik hinaus«. Es handelt sich dabei mitunter um chemische Modifikationen der einzelnen DNA-Bausteine beziehungsweise der Proteine, um die sich die DNA wickelt. Die Abfolge der Buchstaben wird dabei nicht verändert. Stattdessen entscheidet die Art der chemischen Modifikation darüber, ob ein Gen abgelesen wird oder nicht. Beispielsweise kann eine angebrachte Acetylgruppe das Ablesen eines Gens fördern. Eine Methylgruppe kann den gegenteiligen Effekt haben. Zusammen mit weiteren Modifikationsmöglichkeiten bildet sich so ein epigenetischer Code, der mitbestimmt, wie aktiv die einzelnen Gene sind. Das Spannende ist, dass manche dieser Modifikationen durch Umwelteinflüsse verändert werden und zumindest in manchen Fällen an die Nachkommen weitergegeben werden können.

Um das zu untersuchen, mussten 2013 mal wieder die Mäuse herhalten (Dias, 2013). Diesmal ließ man ihre Schwänze in Ruhe und die Tiere durften sogar an Acetophenon riechen, einem angenehm süßlichen Duft. Kurz darauf verabreichte man ihnen allerdings einen harmlosen, aber unangenehmen Stromstoß. Das tat man so oft, bis alleine der Acetophenongeruch die Mäuse vor Angst erstarren ließ. Danach brachte man die Tiere zur Paarung. Nicht nur als Wiedergutmachung für die

Stromstöße, sondern vor allem, weil man ihren Nachwuchs untersuchen wollte. Sowohl die daraus resultie-
rende Mäusegeneration als auch deren Nachkommen
zeigten eine erhöhte Ängstlichkeit in Gegenwart von
Acetophenon, verglichen mit einer Kontrollgruppe. Obwohl der Mäusenachwuchs selbst nie mit dem Geruch
in Kontakt gekommen war, erstarrten die Tiere bei einem erschreckenden Geräusch länger, wenn die Umgebung nach dem süßlichen Aroma roch. Das Verhalten
war spezifisch für den Acetophenongeruch, es zeigte
sich nicht bei Düften, mit denen die Elterngeneration
keinen Kontakt hatte. Die Mäuse waren auch nicht all-
gemein ängstlicher. Es scheint, als wurde gezielt die
Furcht vor dem Acetophenongeruch vererbt.

Den Grund für dieses Verhalten fand man im Gehirn.
Im Riechsystem der Mäuse war die Anzahl der Aceto-
phenonrezeptoren stark erhöht. An dem Gen, das für
diese Rezeptoren verantwortlich ist, fanden sich weniger Methylgruppen, wodurch es stärker abgelesen wurde und sich mehr Rezeptoren bilden konnten. Wie genau die Wahrnehmung des Duftes die Methylierung
des Gens verändern konnte, ist noch umstritten. Epigenetik ist ein relativ junges Forschungsfeld. Beim Menschen ist die generationenübergreifende epigenetische
Vererbung nicht unumstritten, und es sind erst wenige
Beispiele dafür bekannt.

Das populärste davon stammt aus den Niederlan-
den zurzeit des Zweiten Weltkriegs. Dort hatten Blocka-
den durch die deutsche Besatzung zu einer großen

Hungersnot geführt. Es gibt Hinweise darauf, dass Frauen, die während ihrer Schwangerschaft Hunger leiden mussten, kleinere Kinder zur Welt brachten als gesättigte Mütter (Stein, 2000). Das könnte man auch ohne Epigenetik erklären. Das Erstaunliche war aber, dass die Nachkommen dieser Kinder selbst wiederum kleiner waren, als man es erwarten würde. Eine Nahrungsmittelknappheit hätte demnach nicht nur Auswirkungen auf die nächste Generation, sondern auch auf die übernächste.

Hatte Lamarck also letzten Endes doch recht? Nicht direkt. Die epigenetische Vererbung von Eigenschaften funktioniert zwar schneller als der klassische Evolutionsprozess, dafür ist sie nicht von Dauer. Durch die Epigenetik verändert sich nicht die Buchstabenabfolge der DNA, sondern lediglich ihre chemischen Anhängsel. Diese sind dynamisch und gehen spätestens nach ein paar Generationen wieder verloren. Die korrektere Sichtweise wäre es also, Epigenetik als eine Ergänzung zu der klassischen Evolutionslehre Darwins zu sehen. Nach seinen Mäuseschwanz-Experimenten hat Weismann die Debatte Lamarck versus Darwin so zusammengefasst: »Nicht das Rennen hat die Pferde in 200 Jahren zu Rennpferden gemacht, sondern die Auswahl der für das Rennen vorteilhaftesten Variationen unter den Nachkommen ausgezeichneter Schnellläufer.«

Die Buchstabenabfolge des Genoms muss sich mittlerweile die Aufmerksamkeit mit der Erforschung des Epigenoms teilen. Seit ein paar Jahren ist man in der

Lage, die epigenetischen Modifikationen der gesamten menschlichen DNA systematisch zu untersuchen. Das Gebiet ist sicherlich eines der spannendsten, auf das man sich als Molekularbiologe derzeit stürzen kann. Unsere Nahrung und sogar unsere Emotionen können zweifellos die Aktivität unserer Gene beeinflussen. Inwiefern diese Modifikationen beim Menschen vererbbar sind, ist allerdings noch sehr umstritten. Dafür ist das Gebiet einfach noch zu jung. Wer weiß, was wir in den nächsten Jahren noch alles herausfinden werden. Vielleicht hatte Ihre Oma letztlich doch recht, und Sie bekommen vom vielen Fernsehen viereckige Augen.

Anti-Aging für Draufgänger

Wenn Ihr Leben eine herbe Enttäuschung war, versuchen Sie zumindest cool zu sterben. Nehmen Sie sich dazu ein Beispiel an James Doohan, der Ihnen besser bekannt sein dürfte als Chefingenieur Scotty aus *Star Trek*. Als er 2005 im Sterben lag, bestand er darauf, dass man seine Asche ins Weltall schießt. 2007 wurden seine sterblichen Überreste deshalb in eine SpaceLoft-XL-Rakete gesteckt und abgefeuert. Die knapp fünf Meter lange Rakete schaffte es mit einer Maximalflughöhe von 129 Kilometer aber nicht in den Orbit und hat die verkohlte Fracht mit einem Fallschirm wieder zur Erde geschickt. Kinderkram für jemanden, der es gewohnt ist, Leute quer durch die Galaxie zu beamen. 2008 hat man deshalb zu einem größeren Kaliber gegriffen und wollte Teile seiner Asche mit einer Falcon-1-Rakete für ein paar Jahre in die Umlaufbahn katapultieren. Die Rakete hatte aber andere Pläne und ist nach wenigen Minuten in den Pazifik geplumpst. Ärgerlich, aber von so etwas lässt sich Scotty nicht aufhalten. 2012 wurde seine Asche zusammen mit 500 Kilogramm Reiseproviant in einem Dragon-C2+-Raumschiff von SpaceX auf die Internationale Raumstation geschossen. Ich hoffe, die Fracht war gut beschriftet, wäre blöd, wenn sich die Astronauten beschweren, dass ihr Proviant total verbrannt schmeckt. Sollte Ihnen das nicht zu viel Aufwand sein, können Sie von der Firma Celestis für schlappe 12.500 Dollar ein Gramm Ihrer Asche ins Weltall schießen lassen. Gehören Sie aber, so wie ich, zu der »Mein Herz sagt Weltall, mein Budget sagt Komposthaufen«-Fraktion, verlassen Sie das Leben zumindest mit einem ordentlichen Krawumm. Die Firma Heavens Above Fireworks stopft Ihre Asche für 75 Pfund pro Rakete in atemberaubende Pyrotechnik. Damit bescheren Sie Ihren Freunden einen spektakulären Abschied und helfen zugleich Ihren Feinden beim Feiern. Es gibt also nur Gewinner. Warum sollten Sie keine Party aus Ihrem Tod machen? Sterben müssen Sie ohnehin, und ich finde, das ist auch gut so.

Nicht dass ich persönlich etwas gegen Sie hätte, aber stellen Sie sich einmal vor, Sie würden niemals das Zeitliche segnen. Nach ein paar Jahrtausenden hätten Sie die meisten Nicolas-Cage-Filme bereits gesehen, und spätestens, wenn das letzte Elementarteilchen des Universums zerfallen ist, wären Ihre Samstagabende noch deutlich unspektakulärer als sie es heute schon sind. Unsterblichkeit ist also nur etwas für diejenigen, die es aufgrund ihrer monotonen Alltagstätigkeit gewohnt sind, sich zu langweilen. Beispielsweise Magistratsbeamte oder Meeresquallen. Wobei die Hydrozoenart *Turritopsis dohrnii* dem endlosen Leben deutlich näher ist als ein Beamter, dem bestenfalls sein Papierstapel nicht enden wollend erscheint. Die vier bis fünf Millimeter großen *T.-dohrnii*-Quallen leben in sämtlichen Weltmeeren und sind Ihnen vielleicht schon durch den gelblichen Magen aufgefallen, der durch ihre glockenförmige Gestalt sichtbar ist. Wenn Ihnen der Name nicht einprägsam genug ist, nennen Sie *T. dohrnii* einfach bei ihrem Spitznamen: die unsterbliche Qualle. Diese Meeresbewohner sind die einzigen mehrzelligen Lebewesen, von denen man weiß, dass sie potenziell biologisch unsterblich sind. Verletzt sich die Qualle, leidet Hunger oder ist anderen Stressfaktoren ausgesetzt, verwandelt sie sich einfach in ein früheres Entwicklungsstadium zurück und heftet sich als Polyp an den Meeresboden, nur um sich nach einiger Zeit wieder in eine Qualle zu entwickeln. Damit ist sie das einzige Tier, das sich von einem geschlechtsreifen Individuum wieder zu einer sexuell unreifen Lebensform zurückentwickeln kann. Diesen Trick kann sie theoretisch unendlich oft wiederholen. Die armen Qualleneltern, deren Nachwuchs vor lauter Stress beschließt, 50-mal die Pubertät zu durchleben! Außerdem hört der Spaß auf, sobald bei einem

Quallengeburtstag für die Kerzen auf der Torte ein Kredit aufgenommen werden muss. In freien Gewässern endet ein *T.-dohrnii*-Leben meist frühzeitig, indem das Tier, das man zum Plankton zählt, von einem Fraßfeind verspeist wird. Leider lässt sich die Qualle nur ungern in Laboren halten, wodurch die Erforschung ihrer Unsterblichkeit ziemlich schleichend vorangeht. Es gibt allerdings noch andere Möglichkeiten, um die biologische Uhr zurückzudrehen oder zumindest das Altern stark zu verzögern. Bevor wir uns auf sie stürzen, sollten wir kurz besprechen, was dieser Prozess eigentlich ist, der uns mit diesen charismatischen Falten und der attraktiven Halbglatze beglückt.

Eines vorweg: Wir wissen noch erstaunlich wenig darüber, was uns eigentlich altern lässt. Den Rekord für das längste Menschenleben hält eine französische Dame, die 1997 im Alter von 122 Jahren verstarb. Ein stattliches Alter für ein großes Säugetier, trotzdem gäbe es noch Luft nach oben. Im Jahre 2007 fing man einen Grönlandwal, in dem eine Harpunenspitze steckte, die zu einer Zeit abgefeuert wurde, in der Wilhelm II der Kaiser Deutschlands war. Aus Sicht der Evolution macht es durchaus Sinn, dass wir älter werden und sterben. Damit sich eine Spezies weiterentwickeln kann, müssen Nachkommen in die Welt gesetzt werden. Sobald das erledigt ist und die Kinder auf eigenen Beinen stehen können, hat die Evolution nur noch wenig Interesse an der Elterngeneration. Mit dem Ende des reproduktionsfähigen Alters setzt deshalb der körperliche Verfallsprozess ein. Dadurch wird gewährleistet, dass die Ressourcen der Nachfolgegeneration zur Verfügung stehen. Das Desinteresse der Natur an den Senioren lässt vermuten, dass Altern nicht nur ein passiver Verfallsprozess ist, sondern biologisch gewollt und vielleicht sogar von Prozessen in unseren Zellen aktiv vorangetrieben wird. Persönlich haben wir natürlich völlig andere Interessen und wollen, dass uns Oma noch an vielen weiteren Weihnachtsabenden die Grenzen unseres Magenvolumens austesten lässt. Um den Alterungsprozess auszutricksen, muss man zuerst verstehen, wie er funktioniert. Einige der Faktoren, die dafür verantwortlich sind, kennt man bereits.

Dicke Zellen mit kurzen Zipfeln

Wenn sich Zellen teilen, organisiert sich ihre DNA davor in sogenannte Chromosomen. Dabei wird unsere Erbinformation in 46 dieser X-förmigen Strukturen aufgeteilt. Die Hälfte davon ist von Ihrem Vater, die andere haben Sie von Ihrer Mutter geerbt. An den Enden dieser Chromosomen befinden sich DNA-Abschnitte, die man als Telomere bezeichnet. Sie bestehen aus einer kurzen DNA-Sequenz, die sich Tausende Male wiederholt und insgesamt etwa 10.000 Buchstaben lang ist. Beim Menschen lautet diese Sequenz TTAGGG. Als würde Ihnen ein stotternder Mensch einen guten Morgen wünschen. Die Telomere sind wichtig für die Stabilität der Chromosomen, ohne sie würde die Zelle die offenen DNA-Stränge am Ende der Chromosomen bemerken und ständig glauben, einen Schaden in ihrer Erbinformation zu haben. Bei jeder Zellteilung werden die Telomere um etwa 100 Buchstaben kürzer. Sobald sie kürzer als 4.000 Buchstaben sind, kann sich eine Zelle nicht weiter teilen. Stattdessen begeht sie einen sogenannten programmierten Selbstmord (Apoptose), oder macht das, was auch Menschen mit zunehmendem Alter tun: Sie wird dick und unbeweglich (Seneszenz). Die Maximalanzahl der möglichen Teilungen einer Zelle bezeichnet man als Hayflick-Grenze. Dadurch ist der Lebensspanne unserer Körperzellen ein Limit gesetzt. Aber nicht alle Zellen haben dieses Problem. Unsere Geschlechtszellen, unsere Stammzellen, aber auch Krebszellen können dieses Phänomen umgehen. Sie besitzen ein Enzym namens Telomerase, das nach der Zellteilung die verloren gegangenen Telomer-Stückchen wiederherstellt.

Könnten wir unsere Lebensspanne verlängern, indem wir dieses Enzym in all unseren Körperzellen aktivieren? In einer 2012 erschienenen Forschungsarbeit wurden Mäuse mit einem Virus infiziert, der das Telomerase-Gen beinhaltete (Bernardes, 2012). Dadurch konnten die Versuchstiere ein um 24 Prozent höheres Alter erreichen als Kontrollmäuse. Außerdem litten die infizierten Tiere weniger unter typischen Alterserscheinungen wie Insulinresistenz, Osteoporose und reduzierter Muskelkoordination. Wichtig dabei war, dass die infizierten Mäuse nicht häufiger an Krebs erkrankten als die Kontrollnager. Könnte man das menschliche Höchstalter durch eine derartige Gentherapie um 24 Prozent erhöhen, würde das die durchschnittliche Lebenserwartung in entwickelten Ländern auf rund 100 Jahre anheben. In den Augen der unsterblichen Qualle wären wir dann zwar immer noch Eintagsfliegen, aber wen interessiert schon, was die sich denkt.

Wenn man ein ganzes Jahrhundert auf dieser Welt verbringt, möchte man vermutlich nicht die letzten 20 Jahre davon in einem Krankenbett liegen. Wichtig ist deshalb nicht nur, die Anzahl der Jahre zu erhöhen, sondern auch deren Lebensqualität. Hier spielen die zuvor erwähnten Zellen eine Rolle, die in Seneszenz gehen. Sie nehmen diesen Zustand ein, sobald ihre Telomere zu kurz sind, um sich weiter zu teilen, sie zu viele DNA-Schäden abbekommen haben, oder anderen starken Stressfaktoren ausgesetzt sind. Dabei werden sie besonders groß und hören auf, sich zu teilen. Je älter wir werden, desto mehr dieser seneszenten Körperzellen sammeln wir in uns an. Man macht sie für viele der typischen Alterserscheinungen verantwortlich. Die dicken Zellen sind nämlich keineswegs inaktiv, stattdessen sondern sie entzündungsfördernde Signalmoleküle ab und produzieren ein Toxin namens Progerin, das Gewebe abbaut. Diese Stoffe können umliegendes Gewebe negativ beeinflussen und tragen damit zum Alterungsprozess bei.

Die Zellen meinen es eigentlich nicht böse, wenn sie seneszent werden. Im Gegenteil, Seneszenz ist eine Art Notbremse, die Zellen ziehen, wenn sie fürchten, sich in Krebszellen zu verwandeln. Sie denken sich »Lieber dick und unnütz als ein wuchernder Tumor« und stellen ihre Teilungsaktivität ein. Leider setzen sie sich nicht vollständig zur Ruhe, sondern beginnen damit, Signalstoffe auszusenden, die schädigend auf umliegende Zellen wirken. Wie wenn man, um sich selbst zu entlasten, in einem vollgepackten Aufzug kräftig einen fahren lässt. Es ist also gut, dass Zellen, die vor der Entscheidung Krebsgefahr versus Seneszenz stehen, das kleinere der beiden Übel wählen. Sobald sie sich aber in die Seneszenz verabschiedet haben, gehen sie ihren Nachbarn gehörig auf die Nerven und fördern Arteriosklerose, Demenz, Arthritis und sogar das Tumorwachstum.

Was würde passieren, wenn man diese dicken Unruhestifter in regelmäßigen Abständen aus einem Organismus entfernen könnte? 2011 hat man das anhand von Labormäusen getestet (Baker, 2011). Die Tiere wurden genetisch so verändert, dass die Verabreichung einer ungiftigen Chemikalie zur gezielten Beseitigung der seneszenten Zellen führte. Die Substanz wurde den Tieren mehrmals in ihrem Leben verabreicht, mit dem Resultat, dass sie im Alter eine kräftigere Muskulatur, reduzierte Hautalterung und eine geringere Trübung der Augenlinse hatten. Anfang 2016 veröffentlichte die gleiche Forschungsgruppe weitere Untersuchungen an den Mäusen, deren seneszente Zellen regelmäßig entfernt wurden (Baker, 2016). Die Tiere hatten im Alter besser arbeitende Nieren, stressresistentere Herzen, waren neugieriger bei der Erkundung ihrer Umwelt und entwickelten erst in einem höheren Alter Krebs als Kontrollmäuse. Außerdem war ihre Lebenserwartung um bis zu 30 Prozent erhöht.

Zugegeben, es klingt ein wenig radikal, durch Genmanipulation und Chemikalien seine seneszenten Zellen abzutöten. Aber es wird bereits an Substanzen geforscht, die den Job 100 Prozent gentechnikfrei erledigen.

Siamesischer Jungbrunnen

In der Zwischenzeit können Sie versuchen, sich mit dem telomerasehaltigen Virus zu infizieren. Auch das klingt schlimmer als es ist, vergleicht man es mit dem, was andere Leute tun, um sich jung zu fühlen. Sie kennen sicherlich diese klischeehaften alten Männer, die trotz überschrittenen Pensionsantrittsalters etwas mit einer viel zu jungen Dame anfangen, in der Hoffnung, dass ihre langen Telomere auf sie abfärben. Persönlich finde ich das zwar etwas peinlich, aber vielleicht haben diese Typen etwas verstanden, das die Forschung erst langsam zu begreifen beginnt.

Sie müssten lediglich einen Schritt weiter gehen und sich mit der Liebsten zusammennähen lassen. Das vertieft nicht nur die Beziehung, sondern hat auch Auswirkungen auf das biologische Alter – zumindest bei Mäusen. Man nennt diese Technik Parabiose. Dabei näht man zwei Tiere seitlich zusammen, sodass sie sich einen gemeinsamen Blutkreislauf teilen. Aus Tierschutzgründen werden solche Versuche in Deutschland seit Jahrzehnten nicht mehr durchgeführt, trotzdem lohnt es sich, einen Blick darauf zu werfen, was bei derartigen Experimenten herauskam.

Parabiose erlaubt es zu testen, wie sich die Blutbestandteile eines Lebewesens auf ein anderes auswirken. Unser Blut steckt voller Signalstoffe, deren Zusammensetzung sich im Laufe des Lebens verändert. Vereinfacht ausgedrückt dominieren in jungen Jahren Faktoren, die das Wachstum und das Überleben von Zellen fördern. Je älter wir werden, desto eher gewinnen die entzündungsfördernden Stoffe im Blut die Oberhand. Bei den zusammengenähten Mäusen zeigte sich ein erstaunlicher Effekt: Junges Blut bringt neues Leben in alte Organe. Nach dem Zusammenschluss mit den Jungtieren wurden die alten Mäuse stärker, schlauer, gesünder und sogar ihr Fell begann wieder zu glänzen (Scudellari, 2015). Am erstaunlichsten daran ist die Verbesserung des Gedächtnisses der alten Tiere. Sie kommt vermutlich dadurch zustande, dass das junge Blut die Anzahl der neuronalen Stammzellen im alten Gehirn erhöht, welche wiederum neue Gehirnzellen bilden können. Außerdem waren die verjüngten Hirne weniger geplagt von Entzündungen, hatten aktivere Synapsen und es wurden mehr Gene abgelesen, die mit der Bildung von Erinnerungen in Verbindung gebracht werden. Umgekehrt wurde das räumliche Lern- und Denkvermögen der jungen Mäuse durch altes Blut deutlich eingeschränkt. Weil durch den Blutstrom keine Zellen in das Gehirn der Tiere dringen konnten, mussten lösliche Signalstoffe, die man im Blutplasma findet, für den Effekt verantwortlich sein.

Tatsächlich zeigten sich die positiven Effekte auch in alten Mäusen, denen man junges Blutplasma gespritzt hatte, anstatt sie mit Jungtieren zusammenzunähen. Dadurch konnte man noch einen Schritt weiter gehen und testen, was passiert, wenn man alten Mäusen Plasma von jungen Menschen injiziert. Den reifen Nagern wurde dazu drei Wochen lang, alle drei Tage, junges Menschenplasma verabreicht. Sie schnitten daraufhin besser in Gedächtnistests ab als alte Kontrollmäuse, die keine Verjüngungskur machen durften, oder mit dem Plasma alter Menschen behandelt wurden. Dadurch konnte gezeigt werden, dass die Blutbestandteile, die alte Gehirnzellen wieder auf Vordermann bringen, nicht nur in Mäusen, sondern auch in jungen Menschen vorhanden sind.

Hinweise auf die positiven Effekte des jungen Blutes gibt es schon seit langer Zeit. 1956 koppelte man jeweils eine alte und eine junge Ratte für 9–18 Monate aneinander (Horrington, 1960). Am Ende des Experiments waren die Knochen und Knorpel der älteren Ratten deutlich besser in Schuss als die der unbehandelten Artgenossen. Mehrere Jahre später zeigte ein ähnliches Experiment, dass Rattenopas, die mit jungen Partnern verbunden waren, um vier bis fünf Monate länger lebten als Kontrollmäuse, die mit gleichaltrigen Tieren vernäht wurden (Ludwig, 1972). Ein stattlicher Bonus für ein Tier, das gewöhnlich nicht länger als zwei Jahre lebt.

Wird man sich in Seniorenheimen also demnächst Jünglinge an den krummen Rücken nähen lassen? Die

Heimbewohner wären gesünder, weniger einsam und die jungen Leute könnten sich nicht heimlich Drogen besorgen. Die Plasmaoption ist vermutlich realistischer. Derzeit wird in ersten Studien getestet, ob das Plasma von unter 30-Jährigen im Kampf gegen Alzheimer hilft. Wenn sich ähnliche Effekte zeigen wie bei der Maus, könnte die Jungbluttherapie tatsächlich die Anzahl der gesund verbrachten Jahre erhöhen.

Allerdings gäbe es nicht genügend Plasmaspender, um die gesamte ältere Generation mit dem Verjüngungssaft zu versorgen. Man müsste deshalb die verantwortlichen Signalstoffe identifizieren und separat herstellen. Einer der vielversprechendsten Verjüngungskandidaten ist dabei ein Protein namens GDF11. Forscher an der Harvard Universität konnten nachweisen, dass die Konzentration des Signalstoffes bei Mäusen und Menschen mit zunehmendem Alter sinkt (Loffredo, 2013). Mäusesenioren, die an einer Herzerkrankung litten, konnten die Erkrankung nicht nur durch junges Blut lindern, sondern auch durch eine 30-tägige GDF11-Behandlung. Die Tiere wurden durch das Protein außerdem deutlich stärker, zweimal ausdauernder auf dem Laufband, und konnten verletzte Muskulatur schneller heilen als solche, die kein GDF11 bekamen. Außerdem regte sowohl junges Blut als auch die Verabreichung des Proteins die Gehirndurchblutung und das Wachstum neuronaler Stammzellen an. Die Zufuhr eines einzelnen Proteins bewirkt also stärkere, klügere Mäuse. Halten Sie besser die Augen offen nach Nagern mit großen

Köpfen, die versuchen, die Weltherrschaft an sich zu reißen. Vermutlich sind Sie jetzt sehr aufgeregt und fragen sich, wo Sie GDF11 herbekommen. Abwarten und Blut trinken? Heutzutage ist es nicht sehr schwierig Proteine herzustellen, sobald man weiß, was man eigentlich möchte. Insulin wurde anfangs aus Schweinen oder Rindern isoliert. Irgendwann wurde das den Leuten zu mühsam, woraufhin man das Insulin-Gen in Darmbakterien gestopft hat. Die lassen sich einfacher halten und haben kein Problem damit, wenn man ihnen das Insulin klaut. Sobald man verlässlich nachgewiesen hat, welche Blutfaktoren für den Verjüngungseffekt verantwortlich sind, müsste man deshalb nicht zwingend jemanden dafür anzapfen.

Cyborg-Rollmops

So radikal Jungbluttherapien auch klingen mögen, manchen geht das immer noch nicht weit genug. Vor allem denjenigen, die mit den unrealistischen Medizinutopien von *Futurama* aufgewachsen sind. Die Serie spielt im 31. Jahrhundert in der Stadt New New York. Viele zeitgenössische Personen wie Stephen Hawking haben trotz der großen Zeitdifferenz einen Gastauftritt – als sprechende Köpfe in mit Flüssigkeit gefüllten Einmachgläsern. Damit nicht alle konservierten Promis gelangweilt in den Regalen des lokalen Kopfmuseums stehen müssen, wurde das Haupt von Richard Nixon auf einen Roboterkörper gesetzt. Auf diesem marschiert er durch die Gegend und behauptet mitunter, dass die Mondlandung gefälscht war und tatsächlich in einem Filmstudio auf der Venus gedreht wurde.

Persönlich würde es mir gefallen, wenn man in 50 Jahren das Nervensystem aus meinem verfallenen Körper kratzt und es in eine Maschine einbaut. Beispielsweise in einen Apache-Kampfhubschrauber. Das Lebewesen, das dieser Cyborg-Utopie bisher am nächsten kam, war ein aalartiges Tier, das auf die Bezeichnung Meerneunauge hört. Das circa 80 Zentimeter lange, dunkel gefleckte Tier treibt sich in den Küstengebieten der Nordsee bis zum Mittelmeer herum und hat an der Stelle, an der man gewöhnlich einen Kiefer erwarten würde, einen markanten Saugmund. Damit saugt sich das Meerneunauge an Fischen fest, um deren Blut zu trinken. Ich sehe der Zukunft grundsätzlich optimistisch entgegen, aber war es wirklich notwendig, dass man den ersten Hardcore-Cyborg aus einem Lebewesen macht, das sich von Blut ernährt?

Forscher in Chicago haben im Jahre 2000 den Hirnstamm eines Meerneunauges in einen Behälter mit kaltem, sauerstoffreichen Salzwasser eingelegt (Helmuth, 2000). Die Nerven wurden dabei nicht beschädigt und durch Elektronen mit einem kleinen, rundlichen Roboter verbunden. Im Dunkeln bewegt sich die Maschine nicht vom Fleck. Platziert man sie aber in einem Ring und dreht an einer Stelle ein Licht auf, detektieren die Robotersensoren das Signal. Es wird zu dem Gehirn des Meerneunauges weitergeleitet, das daraufhin Impulse an die Räder schickt und gekonnt in Richtung der Lichtquelle manövriert. Hat damit die Ära der blutsaugenden Cyborgs begonnen? Derzeit schaffen es die Forscher noch nicht, das Gehirn länger als ein paar Tage lebendig zu halten, sobald es das Tier einmal verlassen hat. Ziel des Versuches war es vor allem, mehr über das Zusammenspiel von Maschinen und Nervenzellen zu erfahren, um bessere Elektronikprothesen herstellen zu können.

Kevin Warwick, ein britischer Professor für Kybernetik, arbeitet an der Schnittstelle zwischen Nervensystemen und Computern. Er schließt es nicht aus, dass man eines Tages sein Gehirn in einen Roboter implantieren lassen kann, wenn der biologische Körper stirbt, bezeichnet es aber als extrem schwierig. Außerdem hat auch das Nervensystem selbst ein Ablaufdatum. Aber könnte man das nicht ebenfalls umgehen?

Einen kühlen Kopf bewahren

Um den Tod wirklich, wirklich, wirklich lange hinauszuzögern, müsste man einen Weg finden, unsere Gedankenwelt langfristiger zu konservieren. All unsere Erinnerungen – der erste Kuss, das Gefühl, als wir das erste Mal auf die Herdplatte gegriffen haben, und das Gefühl, als wir das zweite Mal auf die Herdplatte gegriffen haben, sind in den Milliarden Nervenzellen in unseren Köpfen gespeichert. Jede einzelne davon ist durch sogenannte Synapsen mit durchschnittlich 1.000 weiteren Neuronen verbunden, um Informationen auszutauschen. Seien Sie also nicht zu stolz auf Ihre 250 Twitter-Anhänger, eine einzelne Gehirnzelle hat vier

Mal so viele Follower. Sie strengt sich aber auch mehr an, immerhin gibt sie bis zu 1.000-mal pro Sekunde ein Status-Update von sich, indem sie anderen Nervenzellen durch elektrochemische Signale bekannt gibt, was sie gerade beschäftigt. Die Neuronen sind dabei so sehr vernetzt, dass eine einzelne Gehirnzelle über höchstens vier Zwischenschritte jede andere erreichen kann. Erstaunlich, dass unser Gehirn irgendetwas zustande bringt, bedenkt man, was nach vier Schritten Stille Post gewöhnlich herauskommt.

Der Inhalt unseres Gedächtnisses ist in den Verbindungen unserer Nervenzellen gespeichert. Mit jeder Erfahrung, die Sie machen, verändert sich das Verbindungsmuster dieser Synapsen. Manche finden die Vorstellung beunruhigend, dass etwas so Intimes wie unsere Gedanken auf etwas so Banalem wie dem 1,3 Kilogramm schweren Protein-Fett-Eiweiß-Batzen in unserem Kopf basiert. All unsere moralischen Grundsätze, Ängste, Hoffnungen und Erinnerungen sind in den Verbindungen unserer Nervenzellen niedergeschrieben, die man zusammengefasst als das »Konnektom« bezeichnet.

Stellen Sie sich vor, Sie würden in einer nahen Zukunft leben, in der man bereits mikroskopisch kleine Nanoroboter erfunden hat. In einer stillen Nacht schleiche ich in Ihr Zimmer und injiziere Ihnen unerkannt die kleinen Maschinen ins Blut, die sich daraufhin auf den Weg in Ihr Gehirn machen. Dort beginnen sie damit, Ihre neuronalen Verbindungen neu zu strukturieren.

Zelle für Zelle werden die Synapsen so angeordnet, wie es den Nanorobotern anhand eines Gehirnscans von Barak Obama einprogrammiert wurde. Vielleicht würden Sie am nächsten Morgen aufwachen, mit einem motivierten »Yes We Can« aus dem Bett springen, sich danach aber wundern, wer das Weiße Haus durch eine Gemeindebauwohnung ersetzt hat. Sie würden über alle Erinnerungen des Präsidenten verfügen und hätten alles aus Ihrem Vor-Nanoroboter-Leben vergessen. Dieses, zugegebenermaßen stark vereinfachte Gedankenexperiment soll veranschaulichen, wie fundamental die Struktur unserer Nervenverbindungen dem zugrunde liegt, was wir als »Ich« bezeichnen. Könnten wir dieses »Ich« in einem stillgelegten Zustand konservieren, indem wir sämtliche neuronale Verbindungen in ihrem aktuellen Zustand bewahren? Es gibt Forscher, die davon ausgehen, dass es möglich ist. Sie sind sogar so überzeugt davon, dass sie für diejenigen ein Preisgeld ausgeschrieben haben, die uns dem Ziel näherbringen, das Konnektom einer Person zu konservieren.

Der »Brain Preservation Technology Prize« wurde von dem Neurowissenschaftler Kenneth Hayworth ins Leben gerufen und steht derzeit bei etwas über 100.000 Dollar. Ein lächerlicher Betrag für Forschungsverhältnisse, aber trotzdem eine nette Geste. 25 Prozent des Geldes sind für die Leute vorgesehen, die es als Erstes schaffen, das gesamte Konnektom, inklusive sämtlicher synaptischer Verbindungen, einer Maus zu konservieren. Die restlichen 75 Prozent gehen an diejenigen, denen es als Erstes gelingt, das Gehirn eines großen Tieres zu bewahren. Voraussetzung dabei ist, dass sich die Methode auch an Menschen, unmittelbar nach dem klinischen Tod, anwenden ließe.

Sie haben vermutlich bereits von großartig erhaltenen Eisleichen wie Ötzi gehört, die nach Jahrtausenden im gefrorenen Zustand immer noch halbwegs schick anzusehen sind. Folgt daraus, dass Sie die 25 Prozent des Preisgeldes abcashen können, indem Sie den nächsten Mäusekopf, den Ihre Katze anschleppt, im Schnee vergraben? Vermutlich nicht, aber Sie sind auf der richtigen Fährte. Um etwas möglichst gut zu konservieren, ist durchgehende Kühlung unvermeidlich. Wenn Sie mir nicht glauben, stellen Sie das angefangene Joghurt aus Ihrem Kühlschrank über das Wochenende auf den Heizkörper. Extreme Kühlung verhindert nicht nur die Zersetzung durch Mikroorganismen, sondern reduziert die Bewegung der Moleküle so sehr, dass die kleinsten Bestandteile einer Zelle, Proteine, Fette und Kohlenhydrate, nicht weiter beschädigt werden.

Ich rate Ihnen trotzdem davon ab, Ihr Gehirn mit Ihren letzten Atemzügen zu den Fertigpizzen ins Gefrierfach zu werfen. Organe enthalten nämlich so viel Wasser, dass sich in Ihren Zellen Eiskristalle bilden würden. Die Folge kennen Sie vielleicht von geplatzten Wasserflaschen im Tiefkühlfach oder von Frostschäden auf der Straße. Wasser dehnt sich beim Gefrieren aus und die Eiskristalle würden Ihre Zellmembranen zerstören. Sie können dieses Problem umgehen, indem Sie rechtzeitig damit beginnen, an der Scheibenwaschanlage Ihres Autos zu nuckeln. Das darin enthaltene Frostschutzmittel setzt den Gefrierpunkt des Wassers herab, sodass es trotz niedrigsten Temperaturen zu keiner Kristallbildung kommt. Antarktisfische haben diesen Trick schon lange drauf. Durch den Salzgehalt des Südpolarmeeres friert das Wasser in dieser Gegend erst bei –2 Grad Celsius. Die Tiere selbst haben allerdings einen geringeren Salzgehalt, da sie das Salz aktiv ausscheiden. Dadurch würde ihr Körper bei diesen Umgebungstemperaturen bereits einfrieren, und Käpt'n Iglo müsste ihre gefrorenen Leichen nur noch von der Oberfläche einsammeln und panieren. Die Fische produzieren deshalb ein als Frostschutzmittel wirkendes Protein, das sie vor den zellinternen Eiskristallen schützt.

Wir Warmduscher haben diesen Luxus nicht, deswegen brauchen wir die Wissenschaft, um unsere Mängel zu kompensieren. Einer der bedeutendsten Bio-Frostschutzexperten ist der Kryobiologe (aus dem Griechischen »kryos«, für »kalt«) Gregory M. Fahy. Ihm ist es erstmals gelungen, ein vollständiges Organ auf eine Temperatur abzukühlen, die zur Langzeitkonservierung taugt, ohne dabei seine Funktionsfähigkeit zu zerstören (Fahy, 2009). Dazu wurde eine entnommene Kaninchenniere auf –135 Grad Celsius abgekühlt. Bei dieser Temperatur sind chemische Reaktionen so abgeschwächt, dass sie sogar über Jahrtausende kaum etwas kaputt machen könnten. So lange wollten die Forscher natürlich nicht warten, weshalb sie die Niere zügig wieder auftauten, das zuvor verabreichte Frostschutzmittel auswuschen und das Organ zurück in ein Kaninchen packten. Dort fing die Niere tatsächlich wieder damit an, ihre Arbeit zu erledigen und dem Tier ein verhältnismäßig normales Leben zu ermöglichen. Hätten sich bei den extrem niedrigen Temperaturen Eiskristalle in der Niere gebildet, hätte man dem Tier ebenso gut ein Stückchen Streichwurst implantieren können. Man musste deshalb Vorkehrungen treffen, um ein tatsächliches Gefrieren und die damit verbundene Kristallbildung zu verhindern. Dazu wurde das Organ vitrifiziert (aus dem Lateinischen »vitrum«, für »Glas«).

Als Vitrifizierung bezeichnet man den Prozess, bei dem eine flüssige Substanz mit sinkender Temperatur immer zähflüssiger wird, bis sie irgendwann komplett starr erscheint, ohne dass sich dabei Kristalle bilden. Bei einer klassischen Kristallisation nehmen die chaotisch umherschießenden Moleküle einer Flüssigkeit eine fixe Position in einem Kristallgitter zueinander ein, sobald die Temperatur unter einen gewissen Punkt sinkt. Bei der Vitrifizierung hingegen verlangsamt sich mit sinkender Temperatur die Molekülbewegung, ohne dass sich die Teilchen jemals in einem Kristallgitter anordnen. Das ist vergleichbar mit Honig, der im kalten Zustand relativ langsam fließt, im Sommer bei 30 Grad Celsius aber fast aus seinem Glas springt. Glas selbst ist auch ein solches Material, das bei Zimmertemperatur so starr wie ein Kristall erscheint, aber eigentlich eine außergewöhnlich zähflüssige Substanz bleibt.

Dass Vitrifizierung die Funktionsfähigkeit menschlicher Zellen aufrechterhalten kann, kann man bereits bei künstlichen Befruchtungen beobachten. Dabei werden übrig gebliebene Embryonen bei niedrigsten Temperaturen konserviert, wonach sich diese auch nach mehreren Jahren wiederbeleben lassen, um sie Frauen zu implantieren, in denen sie sich zu vollständigen Menschen entwickeln können. Bei winzigen Embryonen, die aus nur wenigen Zellen bestehen, funktioniert das ziemlich gut, ein ganzes Säugetierorgan macht da bereits größere Schwierigkeiten.

Damit die Kaninchenniere diese extreme Temperatur relativ unbeschadet überstehen konnte, musste sie mit einem Gemisch aus Vitrifizierungssubstanzen namens M22 durchspült werden. Dadurch konnte sie bei −135 Grad Celsius einen kristallfreien, glasartigen Zustand einnehmen.

Kommen wir also endlich zu der interessanten Frage: Kann man das bald mit seinem Gehirn machen lassen, um die eigenen Gedanken zu bewahren? Schließlich möchten wir doch alle, dass die nachfolgenden Generationen aus erster Hand von der Zeit erfahren können, als es erst 151 verschiedene Pokémon gab.

Und woher wissen wir eigentlich, dass die Gedanken und Erinnerungen eines Lebewesens im Zuge der Kryokonservierung nicht verloren gehen? Immerhin sind neuronale Verbindungen so feine Konstrukte, dass sie beim brutalen Konservierungsprozess beschädigt werden könnten. Um das zu testen, nahmen Forscher den Fadenwurm *C. elegans* zu Hilfe (Vita-More, 2015). Sie brachten den winzigen Tierchen bei, auf einen bittermandelartigen Geruch zu reagieren. Im Anschluss wurden die Tierchen mithilfe von Vitrifizierung eingefroren. Nach dem erneuten Auftauen konnten sich die vitrifizierten Würmer genauso gut an ihr Geruchs-Training erinnern, wie Tiere, die man nicht eingefroren hatte. Damit wurde erstmals gezeigt, dass Erinnerungen bei dem Konservierungsprozess erhalten bleiben.

Eine der großen Herausforderungen der Vitrifizierung ist, dass manche Gewebe das Frostschutzmittel nicht effektiv genug aufnehmen. Das macht es sehr schwierig, einen vollständigen Organismus zu konservieren. Interessiert man sich aber bloß für das Fundament unserer Gedanken, unser Gehirn und das dazugehörige Nervensystem, hat man Glück. Unser Denkorgan verbraucht Unmengen an Energie und ist deshalb besonders stark mit Blutadern durchwachsen, durch die man eine Vitrifizierungslösung verabreichen kann.

Genau das ist Gregory M. Fahy und seinem Team mittlerweile an einem Kaninchen gelungen (Shermer, 2016). Durch eine große Arterie spülte er Glutaraldehyd in das Gehirn des Tieres. Meistens wird diese chemische Verbindung, die bei Raumtemperatur flüssig ist, zur Desinfektion verwendet. In diesem Fall erfüllte sie aber einen anderen Zweck, nämlich die Quervernetzung von Proteinen im Gehirn. Dadurch bilden die Eiweißmoleküle eine starre dreidimensionale Struktur, ähnlich wie wenn Sie ein Kartenhaus so lange mit klebrigem Haarspray einnebeln, bis es sich nicht mehr umblasen lässt. Alles bleibt an seinem Platz, als wäre das Denkorgan in Gel eingelassen. Danach wurde es mit dem als Frostschutz wirkenden Alkohol Ethylenglycol behandelt und auf −130 Grad Celsius abgekühlt. Gewöhnlich beginnt ein Gehirn 30 Minuten nach dem Tod damit, sich abzubauen. Die Behandlung mit Glutaraldehyd konnte diesen Prozess um Wochen verzögern, und durch das Einfrieren nach der Ethylenglycolbehandlung lassen sich noch einige Jahrhunderte dazurechnen.

Könnte man dieses Gehirn nach Jahren auftauen und einem anderen Kaninchen implantieren? Selbstverständlich, aber das wäre danach sofort tot. Durch die Quervernetzung der Proteine ist jede Hoffnung auf ein biologisches Wiederaufleben des Organs vergebens. Dafür erlaubt die Methode, eine bisher nicht da gewesene Genauigkeit beim Erhalt der synaptischen Verbindungen. Einer der beteiligten Forscher vergleicht es mit einem Buch, das man in einen Block aus Plastik einlässt. Man kann es nicht mehr öffnen, aber wenn man beweisen kann, dass die Behandlung keine Buchstaben zerstört hat, müssen alle darin enthaltenen Worte noch vorhanden sein. Man könnte es lange Zeit aufbewahren, eines Tages behutsam in kleine Scheibchen schneiden, die Seiten einscannen und ein neues Buch mit den gleichen Worten drucken.

Das ist auch die Idee, die hinter der Fixierung des Kaninchenhirns mittels Glutaraldehyd steckt. Durch ein

Rasterelektronenmikroskop betrachtet, konnte man sehen, dass die kleinsten Strukturen des fixierten Denkorgans, inklusive der neuronalen Synapsen, großartig erhalten waren. Tatsächlich funktionierte die Konservierung so gut, dass die Forschergruppe dafür Anfang 2016 die 25 Prozent des »Brain Preservation Prize« für die nahezu perfekte Langzeitstrukturerhaltung eines Säugetiergehirns überreicht bekam.

Aber wozu das Ganze, wenn man den Fleischklops nicht mehr auftauen kann? Ziel ist es, vergleichbar mit der Buchanalogie, die Gehirnstruktur so präzise zu erhalten, dass man sie in einem Computer rekonstruieren kann. Dazu müsste man das Organ wie ein Stück Extrawurst in unzählige Scheibchen schneiden, sie mit einem Elektronenmikroskop einscannen und die Strukturdaten in einen zukünftigen Supercomputer stecken, um das vollständige Gehirn zu simulieren. Ein Konzept, das man »Synthetisches Revival« nennt. Dabei sollte man im Hinterkopf behalten, dass der Supercomputer von heute dem Home-Office-PC im Aldi-Abverkauf in zehn Jahren entspricht. Wäre es denkbar, dass wir unser Gehirn zum Zeitpunkt unseres Todes konservieren lassen, damit es in einem Computer nachgebaut werden kann? Stellen Sie sich vor, Sie hätten auf Ihrem Dachboden eine Schachtel stehen, in der das gesamte Konnektom Ihrer Großmutter auf einem USB-Stick vor sich hin staubt. Müssten wir uns an Aussagen wie »Ups, ich habe *World of Warcraft* über Omas Großhirnrinde installiert« gewöhnen?

Derzeit klingt das nach Science Fiction, und sollte es jemals möglich sein, ein funktionales Menschenhirn zu simulieren, wird das wohl noch ein Weilchen dauern. Aber die besten neurowissenschaftlichen Modelle unserer Zeit stimmen darin überein, dass unsere Erinnerungen und Gedanken in den Synapsen unserer Neurone gespeichert sind. Bereits heute werden Konservierungstechniken genutzt, um die Nervensysteme sehr kleiner Tiere wie Zebrafische oder *C.-elegans*-Würmer einzuscannen und digital nachzubauen. Momentan sind diese Scans aber noch nicht komplex genug, um die Erinnerungen der Organismen wiedergeben zu können. Trotzdem haben wir ein paar Kapitel zuvor bereits einen Roboter erwähnt, der sich durch ein computersimuliertes Fadenwurmgehirn so verhält, wie man es von den kleinen Tierchen erwarten würde.

In manchen Fällen wäre es jedenfalls nützlich, auf die Gedanken Verstorbener zugreifen zu können. Zumindest würden sich Richter einen Haufen Arbeit ersparen, sobald die liebe Trauergemeinde damit beginnt, sich um das Erbe zu streiten. Aber würden Sie tatsächlich wollen, dass Ihre Urenkel nachsehen können, ob Sie in Ihrer Pubertät wirklich so viele Nickerchen nötig hatten, oder ob die Tür zu Ihrem Kinderzimmer aus einem anderen Grund ständig abgesperrt war? Das sind diese großen philosophischen Fragen, die neue Technologien zwangsläufig mit sich bringen. Ich habe keine Zweifel daran, dass ich noch Computer erleben werde, die über genügend Rechenleistung verfügen werden, um ein menschliches Gehirn zu simulieren. Was offen bleibt, sind die Fragen, ob sich ein menschliches Gehirn mit der benötigten Liebe zum Detail konservieren lässt, ob die Mikroskopieverfahren genau genug sind, um das Organ in einem Computer vernünftig zu rekonstruieren und ob die Konnektomstruktur tatsächlich alles ist, was unseren Erinnerungen zugrunde liegt.

Aber selbst wenn sich all diese Hürden meistern lassen und die Gedanken einer Person mit dem Tod nicht zwangsweise verloren gehen, bringt das niemanden zurück, der bereits abgedankt hat. Berichte von Leuten, die nach dem Tod wiederauferstanden sind, protzen nicht gerade mit ihrer Häufigkeit, und wegen der wenigen Fälle, die man vom Hörensagen kennt, hauen sich manche Menschen gegenseitig die Köpfe ein. Was da erst los wäre, wenn eine ganze Spezies wiederauferstehen würde? Können Sie sich einen Haufen T-Rex vorstellen, die sich darum streiten, wer der Messias sein darf und sich mit ihren kleinen Händchen gegenseitig den Stinkefinger zeigen? Das zu erleben wäre für mich die größte Motivation, um mein Gehirn konservieren zu lassen.

Vorübergehend ausgestorben

1994 erschien die erste gentechnisch veränderte Tomate, genannt »Flavr Savr« (ausgesprochen »Flavor Saver« – Geschmacksbewahrer), am US-amerikanischen Markt. Die Frucht war in den Regalen deutlich länger haltbar als ihre konventionellen Konkurrenten, trotzdem wurde die Produktion bereits drei Jahre nach der Zulassung wieder eingestellt, und heute findet man keine einzige kommerziell verfügbare Gentechnik-Tomate. Vermutlich hängt das mit einem Kinofilm zusammen, der bereits 16 Jahre vor der Flavr-Savr-Tomate in Amerika erschien: *Angriff der Killertomaten*. In dem Klassiker entwickeln sich gewöhnliche Tomaten in einem US-Labor zu menschenfressenden Riesenfrüchten, die kurz darauf das ganze Land in ihrer Gewalt haben.

Filme überspitzen gerne das Klischee des Wissenschaftlers, der durch seinen Gott-Komplex den Rest der Welt ins Verderben stürzt. Was beim Zuschauer bleibt, ist meistens eine Lassen-wir-lieber-die-Finger-davon-Mentalität.

Anders bei dem Film *Jurassic Park*. In dem Thriller nutzt ein Multimilliardär modernste Gentechnik, um auf einer pazifischen Insel Dinosaurier zum Leben zu erwecken, mit dem Ziel, einen Erlebnispark zu schaffen. Selbstverständlich läuft alles schief, die Dinos brechen aus ihren Gehegen aus und fressen alle Inselbesucher auf. Tut mir leid, dass ich Ihnen jetzt das Ende verraten habe, aber das hätten Sie sich sowieso denken können. Ich weiß nicht, wie es Ihnen geht, aber mich hat *Jurassic Park* keineswegs davon überzeugt, dass Dinoklonen eine schlechte Idee ist. Im Gegenteil, als der kleine Martin gesehen hat, wie sich der Tyrannosaurus dem SUV nähert, hat er sich gewünscht, zusammen mit den anderen Dino-Snacks in dem Fahrzeug neben dem bebenden

Wasserglas zu sitzen und den Urzeitriesen zu bestaunen. Seitdem war ich fasziniert von der Idee, prähistorische Spezies wieder zum Leben zu erwecken. Niemals werde ich es meiner Studienprogrammleitung verzeihen, dass in keiner einzigen Vorlesung auf dieses Thema eingegangen wurde. Aber ich möchte, dass Sie es einmal besser haben als ich, deshalb stelle ich ihnen nur ein paar Möglichkeiten vor, wie Sie sich dank der Genetik einen Eindruck von der prähistorischen Tierwelt machen können.

Real-Life Jurassic Park

Stehen wir kurz davor, Dinosaurier zum Leben zu erwecken? Bisher ist diesem Ziel kaum jemand so nahe gekommen wie die Forschungsgruppe, die 2014 eine Arbeit veröffentlicht hat, in der beschrieben wird, dass sich Hühner so bewegen, wie man es von Dinosauriern erwarten würde, wenn man ihnen einen schweren Stab an den Hintern klebt (Grossi, 2014). Kein spektakulärer Anfang, dafür ist die Chance, von solchen Möchtegerns gefressen zu werden, relativ gering, solange man kein Wurm ist.

Einen richtigen, tonnenschweren Dinosaurier zurückzuholen ist natürlich deutlich schwieriger. Außerdem muss man sich zuerst darauf einigen, welchen man am liebsten haben möchte. Wenn man an die schuppigen Urtiere denkt, stellt man sich meistens vor, sie hätten alle gemeinsam zu einem bestimmten Zeitpunkt der Geschichte existiert. Dann ist ihnen ein Meteorit auf den

Kopf gefallen, lange Zeit kam nichts und plötzlich waren wir da. Tatsächlich lebten Dinosaurier aber über einen sehr langen Zeitraum verteilt, und viele davon haben sich gegenseitig nie zu Gesicht bekommen. Der vierbeinige Stegosaurus mit den markanten Knochenplatten auf dem Rücken lebte vor 157,3 bis 147,7 Millionen Jahren. Um den klassischen Tyrannosaurus zu besuchen, müsste man nicht so weit zurückreisen, er lebte vor 68 bis 66 Millionen Jahren. Zeitlich betrachtet lebte der Tyrannosaurus somit fast 80 Millionen Jahre näher zur Ice Bucket Challenge, als zum Stegosaurus. Aus seiner Sicht uninteressant, weil er mit seinen kleinen Ärmchen sowieso keinen Eimer über den Kopf bekommt. Für uns ist das aber deshalb wichtig, weil DNA ein Ablaufdatum hat, und ohne Erbinformation kann man keinen Dino basteln.

In *Jurassic Park* holt man sich diese DNA aus Dinosaurierblut, das vor Millionen Jahren von Mücken gesaugt wurde, die danach von Baumharz eingeschlossen wurden, das sich allmählich zu Bernstein verwandelte. Daraus rekonstruierten die Forscher das Genom der Urzeitriesen, indem sie die fehlenden Stücke mit Frosch-DNA auffüllten. Sie injizierten die Erbinformation in Straußeneier und rauchten nach dem gelungenen Zeugungsakt vermutlich eine Zigarette.

Bevor Sie jetzt zu Omas Schmuckkästchen laufen, um ihr auf der Suche nach Moskitos die Klunker aus der Bernsteinkette zu picken, sollten Sie sich eine Studie ansehen, in der man 2012 DNA untersuchte, die aus neuseeländischen Moa-Knochen gewonnen wurde (Allen-toft, 2012). Moas sind flugunfähige Laufvögel, die den heutigen Emus ähnlich sehen, aber bereits Ende des 14. Jahrhunderts ausgestorben sind. Die Forscher woll-ten anhand von 158 ausgegrabenen Moa-Beinknochen die Halbwertszeit antiker DNA berechnen, also die Zeit-spanne, in der die Hälfte der vorhandenen Erbinforma-tion verloren geht. Stirbt eine Zelle, beginnen Enzyme damit, die DNA in kleine Stückchen zu schneiden. Da-nach fallen Mikroorganismen über das tote Tier her und versuchen alles aufzufressen, was sich an biologischem Material finden lässt. Das beginnt relativ rasch nach dem Ableben. Was von der DNA übrig bleibt, wird durch spontanen chemischen Zerfall vernichtet, der von dem Sauerstoffgehalt, pH-Wert, Feuchtigkeit und ande-ren Umgebungsfaktoren abhängt. Die Forscher unter-suchten bis zu 8.000 Jahre alte Knochen und fanden, dass die mittlere DNA-Halbwertszeit bloß 521 Jahre be-trägt. Nach dieser Zeit ist die Hälfte der Verbindungen zwischen den einzelnen DNA-Buchstaben verloren ge-gangen, nach weiteren 521 Jahren verabschiedet sich die Hälfte der übrig gebliebenen DNA-Bindungen, und so weiter. Die Forscher berechneten, dass sogar bei Kno-chenfunden, die bei -5 Grad Celsius erhalten wurden, die DNA nach spätestens 6,8 Millionen Jahren vollstän-dig zerfallen sein müsste. Für die Dinos, deren Knochen mindestens 65 Millionen Jahre alt sind, bedeutet das nichts Gutes. Obwohl Bernstein das Dinoblut in den Insektenbäuchen zum Teil vor Feuchtigkeit und Sauerstoff schützt, gehen Forscher davon aus, dass sich die DNA des T-Rex und seiner Kollegen heutzutage nirgendwo mehr ausgraben lässt.

Pimp my chicken

Aber vielleicht ist es gar nicht notwendig, tief ins Erdreich zu graben, um auf Dino-DNA zu stoßen. Sie könnte Ihnen viel näher sein, als Sie glauben, eventuell befinden sich Teile davon sogar in diesem Moment in Ihrem Magen. Nicht alle Dinosaurier, die von einem Meteoriten besucht wurden, sind ausgestorben. Die Nachfahren einer kleinen, agilen Gruppe von Raubdinosauriern, zu denen mitunter der berüchtigte Velociraptor zählt, spazieren bis heute auf der Erde herum: als Vögel.

Vögel sind die Dinosaurier, die lange genug überlebt haben, um Ihnen auf den Kopf kacken zu können. In der Fachsprache werden sie deshalb als »Avian Dinosaurs« – Vogelartige Dinosaurier – klassifiziert. Die ausgestorbenen Giganten bezeichnen Paläontologen als »Non-Avian Dinosaurs« – Nicht-Vogelartige Dinosaurier, damit die Kollegen auf der Fachkonferenz wissen, ob man von einem Velociraptor oder einer Taube spricht. Eigentlich wäre das Kapitel damit beendet: Wer einen Dinosaurierpark eröffnen möchte, braucht lediglich eine gute Vermarktungsstrategie für Omas Hühnerstall. Aber damit hätte sich der kleine Martin niemals abgefunden.

Einen Velociraptor kann man sich vorstellen wie ein modernes Suppenhuhn auf Anabolika. Die Tiere hatten spitze Zähne, beeindruckende Krallen und waren mit

Federn geschmückt, ohne fliegen zu können. Einem Menschen würden sie nur bis zur Hüfte reichen, dafür wurden sie bis zu zwei Meter lang, und ihnen bei der Jagd zuzusehen wäre um einiges aufregender gewesen, als es bei heutigen Hühnern der Fall ist. Wie viel Velociraptor steckt noch in den modernen Vögeln? Wäre es möglich, die Evolution umzukehren, um Hühnern wieder zu ihrer ursprünglichen Erhabenheit zu verhelfen?

Wenn ein Lebewesen sich evolutionär entwickelt, gehen abgelegte Eigenschaften nicht zwangsläufig für immer verloren. Sie können in den Genen gespeichert bleiben, ohne für ihren ursprünglichen Zweck abgelesen zu werden.

Vergleichbar mit der Pornosammlung aus Ihrer Jugend, die Sie zwar niemals ansehen, aber aus nostalgischen Gründen trotzdem nicht wegschmeißen wollen. Wären die Gene komplett stillgelegt, würden sie durch den fehlenden Selektionsdruck ungebremst vor sich hin mutieren, deshalb übernehmen sie oft andere Aufgaben, um erhalten zu bleiben. Ein gutes Beispiel dafür sind Schlangen. 2012 stießen Paläontologen auf ein versteinertes Schlangenskelett, aus dessen Körper zwei winzige Vorder-und Hinterbeinchen ragten (Martill, 2015). Sie dienten vermutlich nicht zur Fortbewegung, sondern dazu, Beute festzuhalten. Aus heutiger Sicht haben Schlangen vor Jahrmillionen ihre Gliedmaßen verloren, aber viele der Gene, die das Wachstum der Füßchen regulieren, sind noch immer im Schlangengenom vorhanden. Sie haben bloß ein anderes Einsatzgebiet gefunden und kommen – wie wäre es anders zu erwarten – dem Peniswachstum zugute. Hand aufs Herz, wie hätten Sie sich entschieden, wenn Sie von der Evolution vor eine solche Entscheidung gestellt worden wären?

Auch der Mensch besitzt Gene aus längst vergangenen Zeiten, die im Erwachsenen keine Rolle mehr spielen, aber als Teil der Embryonalentwicklung überdauert haben. Als Sie ein vier bis fünf Wochen alter Embryo waren, wuchs über Ihrem Hintern ein kleines Schwänzchen, das zehn Prozent der Länge Ihres Körpers ausmachte. Bis zur achten Entwicklungswoche hat sich dieser genetische Gruß Ihrer Vorfahren allerdings wieder zurückentwickelt. Nur in seltenen Fällen will die Natur ihre stolze Arbeit nicht zunichtemachen und bringt Menschen zur Welt, über deren Hinterteil noch ein kleiner Zipfel hängt. Der ist zwar meistens nur ein paar Zentimeter lang, dafür bewegt er sich in manchen Fällen sogar abhängig von der Gefühlslage. Es kommt zu dieser Entwicklung, wenn das genetische Programm, das den Schwanz zurückbilden sollte, durch Umweltfaktoren, Mutationen oder seltene Genkonstellationen an seiner Aufgabe gehindert wird. Man bezeichnet solche Ausprägungen als Atavismus (aus dem Lateinischen »atavus«, für »Urahn«). Es ist ein Wiederauftreten von anatomischen Merkmalen, die bei stammesgeschichtlich weit entfernten Vorfahren präsent waren. Aber selbst wenn bei Ihnen entwicklungsbiologisch alles tipptopp abgelaufen ist, tragen Sie diese Gene immer noch in sich. Und damit sind Sie nicht alleine.

Es gibt Menschen, die dafür bezahlt werden, in den Tiefen des Hühnergenoms nach den Überresten versteckter Dinosaurier-DNA zu suchen. Und dann gibt es solche, die aus Versehen darauf stoßen, wie der Entwicklungsbiologe Matthew Harris. Bei der Untersuchung eines mutierten Hühnerembryos fielen ihm durch Zufall die Ansätze säbelartiger Zähne am Schnabelrand auf (Harris, 2006). Eine Eigenschaft, die von den Hühnervorfahren vor mindestens 70 Millionen Jahren abgelegt wurde. Die Tiere konnten sich zwar nicht bis zum Erwachsenenstadium entwickeln, aber durch sie konnte Harris zeigen, dass die Zahn-Gene die Jahrmillionen zumindest teilweise überdauern konnten.

In den Vögeln steckt aber noch deutlich mehr Dino-DNA. Die Klaue eines Velociraptors besteht aus drei langen Fingern. Vögel haben eine vergleichbare Grundstruktur, allerdings sind ihre Fingerknochen zusammengewachsen und haben sich stark zurückgebildet, um daraus funktionsfähige Flügel zu formen. Im Embryonalstadium sieht die Vogelhand allerdings kaum anders aus als die eines Velociraptors. Ein genetisches Programm sorgt erst im Laufe der Flügelentwicklung dafür, dass die langen Finger wieder verschwinden. Ähnlich verhält es sich mit dem Vogelschwanz. Während ein zwei Meter langer Velociraptor ohne Gegengewicht ständig auf seine Nase fallen würde, hätte der Schwanz bei modernen Vögeln bestenfalls ein peinliches Flugverhalten zur Folge. Vögel entwickeln den

Schwanz, der ihnen als Embryo wächst, deshalb schnell wieder zurück, bevor es jemand bemerkt und sie deswegen mobbt.

Auch die Beine von Hühnerembryonen konnten Forscher mittlerweile in einen Dino-ähnlicheren Zustand zurückversetzen. Indem sie ein Gen, das übersetzt den Namen »Indischer Igel« trägt, deaktivierten, nahm das Wadenbein, ein Unterschenkelknochen, der bei Vögeln stark zurückgebildet ist, Ausmaße an, wie man sie von ihren prähistorischen Vorfahren kennt (Botelho, 2016).

Welche Gene diesen evolutionären Ballast wieder verschwinden lassen, ist weitgehend unbekannt. Sobald man das Entwicklungsprogramm aber besser versteht und die Gene daran hindert, urtümlich-anatomische Strukturen im Zuge der Entwicklung verschwinden zu lassen, könnte man einige verloren geglaubte Dino-Eigenschaften vielleicht wieder zu Gesicht bekommen.

Zugegeben, man wird aus einem zahmen Haushuhn vermutlich kein 13 Meter hohes Ungetüm machen können. Aber vielleicht zumindest ein sehr cooles Huhn mit langen Fingern, einem kräftigen Schwanz und scharfen Zähnen. Mir würde das reichen, und sie hätten endlich eine faire Chance im Kampf gegen Colonel Sanders von Kentucky Fried Chicken. Aber die meisten Tyrannosaurus-Fans würden sich mit einem schräg aussehenden Huhn vermutlich genauso wenig abspeisen lassen wie mit den Urzeitkrebsen aus dem Yps-Heft. Gibt es also Giganten aus vergangenen Zeiten, die wir tatsächlich zurückbringen könnten?

Mit Mammuts gegen den Klimawandel

Warum sollten wir überhaupt versuchen, eine längst ausgestorbene Tiergattung wiederzubeleben, während wir beim derzeit stattfindenden Massensterben entspannt zusehen? Natürlich klingt es weniger sexy, sich für den Lebensraumerhalt des Santa-Cruz-Zwergfrosches stark zu machen, als mit einem Säbelzahntiger Gassi zu gehen. Aber der klassische Wissenschaftler schert sich ohnehin wenig darum, was als sexy gilt. Man sollte Artenschutz und die Wiederbelebung ausgestorbener Spezies nicht gegeneinander ausspielen, immerhin schließen sich die beiden Vorhaben nicht gegenseitig aus. Selbstverständlich muss es Priorität haben, die derzeitigen Arten so gut wie möglich zu schützen. Aber schaden würde es nicht, für Lebewesen, die eine Schlüsselrolle im Ökosystem spielen, einen Notfallplan zu haben. Und davon abgesehen, sehen manche Urzeittiere einfach so cool aus, dass einen wütende Volksschüler mit ihren Pausenbroten bewerfen würden, wenn man gegen ihre Wiederbelebung argumentiert. Zu diesen Tieren zählen die Mammuts.

Mammuts bilden eine ausgestorbene Gattung der Elefanten, die in verschiedensten Ausführungen existierten. Einer ihrer gewaltigsten Vertreter was das Steppenmammut, das bis vor 200.000 Jahren mit seinen 10−15 Tonnen Körpergewicht und 4,5 Meter Schulterhöhe durch Eurasien trampelte. Daneben wäre das vor 740.000 Jahren ausgestorbene Kreta-Zwergmammut, das einem nur bis zum Bauchnabel reichen würde, deutlich niedlicher. Wenn von Mammuts gesprochen wird, sind dabei aber meistens die klassischen Wollhaarmammuts gemeint. Sie waren ein wenig größer als die heutigen Elefanten und brachten bis zu acht Tonnen auf die Waage. Ihre gigantischen Stoßzähne waren spiralförmig nach oben gedreht und konnten bis zu 100 Kilogramm schwer werden. Ihren Namen verdanken die Tiere ihrem bis zu 90 Zentimeter langen Fell, das sie vor der sibirischen Kälte schützte. Wollhaarmammuts hatten ihren Verbreitungshöhepunkt während der jüngsten Eiszeit, wobei die letzten Angehörigen ihrer Art bis in das mitteleuropäische Bronzezeitalter überleben konnten.

Paläontologen sind sich uneinig darüber, ob eine rasche Klimaveränderung für das Verschwinden der haarigen Rüsseltiere verantwortlich war oder eher die Tatsache, dass sich unsere Vorfahren aus ihrem Fell so gerne hübsche Klamotten machten. Jedenfalls war es beliebt, Bilder von selbst erlegten Mammuts an Höhlenwände zu malen, lange bevor man Fotos von seinem Mikrowellenessen auf Instagram hochladen konnte. Heute, Jahrtausende nach dem Aussterben der prächtigen Rüsseltiere, scheint ein Wiederaufleben der Urzeitriesen nicht mehr in den Science-Fiction-Bereich zu gehören. Ein verlegenes »Sorry, falls wir euch ausgerottet haben, wir machen es eh nie wieder« der Menschheit.

Wenn man ein Wollhaarmammut basteln möchte, braucht man zuallererst seine Erbinformation. Mittlerweile hat man genügend tiefgefrorene Exemplare ausgegraben und untersucht, um das nahezu vollständige Mammut-Genom zu kennen. Das bringt die Tiere aber noch nicht zurück, und momentan können wir kein vollständiges Genom aus dem Nichts zusammenbauen, selbst wenn wir seine Buchstabenabfolge kennen. Aber vielleicht muss man das Mammut gar nicht neu erfinden. Stellen Sie sich vor, Sie möchten sich ein Sportauto zulegen, haben für einen Neuwagen aber nicht genügend Kohle auf dem Konto. Da Sie aber nicht bereit sind, Ihren Traum aufzugeben, sagen Sie dem Mechaniker beim jährlichen KFZ-Service, dass er einzelne Teile, die bei Ihrem rostigen Volkswagen ausgetauscht werden müssen, durch Ferrari-Komponenten ersetzt. Wenn er das über Jahre konsequent macht, könnten Sie eines Tages im polierten Ferrari im Stau stehen. Bei einem Auto funktioniert das vermutlich nur als Gedankenexperiment. Im Fall der Mammuts könnte es aber tatsächlich klappen.

Afrikanische Elefanten stehen ihren kälteresistenten Cousins genetisch etwa doppelt so nahe wie Sie einem Schimpansen. Vergleicht man das Erbgut der beiden Rüsseltierarten, unterscheiden sie sich dennoch durch mehrere Millionen Buchstaben, wodurch die DNA-Sequenz von Tausenden proteinbildenden Genen verändert ist. Mittlerweile kann man Gene sehr gezielt abändern. Wäre es also denkbar, aus einem modernen Elefanten seinen prähistorischen, haarigen Cousin zu machen?

Der Harvard-Professor George McDonald Church hat uns diesem Ziel bereits näher gebracht. Nicht nur, weil einen der mächtige Bart des Molekularbiologen spontan an ein Wollhaarmammut denken lässt, sondern vor allem, weil er mithilfe der CRISPR-Technologie, die er selbst mitentwickelt hat, bereits ein paar Mammut-Gene zum Leben erwecken konnte. 2015 gab Church bekannt, dass er und sein Team Zellen eines Asiatischen Elefanten mit ein wenig Mammut-DNA ausgestattet hatten (Callaway, 2015). Dabei konzentrierten sie sich vorerst auf 14 Gene, die mit der Kältetoleranz der Tiere zusammenhängen und beispielsweise zu kleineren Ohren, dichterer Behaarung und vermehrtem Unterhautfett führen, oder Blutzellen, die Sauerstoff auch bei niedrigen Temperaturen effizienter transportieren. Die Forscher verglichen die Elefantenversion dieser Gene mit denen ihrer ausgestorbenen Cousins und benutzten CRISPR, um die 14 Elefanten-Gene mit der entsprechenden Mammutversion zu überschreiben. Insgesamt erhielt man dadurch einen Haufen Elefantenzellen, die einen Bruchteil eines Prozents an Mammut-DNA besitzen. Ein Schritt in die richtige Richtung, aber durch Sibirien werden diese Zellen vorerst nicht spazieren.

Church hat sich nicht aus Faulheit mit der Abänderung von 14 Genen zufriedengegeben. Derzeit ist die Veränderung eines Genoms nämlich dadurch limitiert, dass man nur eine Handvoll Gene gleichzeitig verändern kann. Diese Zahl wird zwar allmählich größer, aber momentan sind wir weit davon entfernt, ein Elefantengenom, das, nebenbei bemerkt, größer ist als das menschliche, direkt in das eines Mammuts umzuschreiben.

Church stürzte sich deshalb vorerst auf Mammut-Gene, die einen Elefanten am ehesten dazu bringen würden, wie ein Mammut auszusehen, sich so zu verhalten und die Kälteresistenz der Tiere erhöhen. Aber das ist nur der erste Schritt auf dem Weg zum haarigen Rüsseltier.

Direkt klonen lässt sich ein Mammut nicht. Klonen setzt nämlich voraus, dass man eine lebendige Körperzelle des Tieres besitzt, um deren Zellkern in eine DNA-befreite Eizelle zu stecken. Aus ihr entwickelt sich daraufhin eine genetisch exakte Kopie des Zellkernspenders. Diese Methode hat uns seit den 1990ern erlaubt, Klone von Dutzenden Spezies zu erzeugen. Bei Mammuts müssen Genetiker allerdings tiefer in die Trickkiste greifen, da uns die Tiere leider keine lebendigen Zellen hinterlassen konnten. Ihr Comeback könnte aber Schritt für Schritt zustande kommen. Dazu würde man folgendermaßen vorgehen:

1. Mithilfe von CRISPR überschreibt man in Elefantenzellen einige Gene mit der entsprechenden Mammutversion. So weit, so gut, das ist George Church bereits gelungen.

2. Aus einem Elefanten werden Eizellen entnommen, aus denen man die genetische Information entfernt. In so eine »ausgehöhlte« Eizelle wird nun der Zellkern der Elefantenzelle eingesetzt, die mit Mammut-DNA ausgestattet wurde.

3. Ähnlich wie bei jeder künstlichen Befruchtung wartet man, bis die mit dem Zellkern befruchtete Eizelle

damit beginnt, sich zu teilen, und setzt den Zell-
klumpen dann in die Gebärmutter einer Elefanten-
dame ein, die das Tier zur Welt bringt.

Das Ergebnis wäre vorerst kein wirkliches Mammut,
sondern ein Elefant, der über ein paar der typischen
Mammuteigenschaften verfügt. Laut Church könnte
das aber ausreichen, um Tiere zu züchten, die wie Mammuts aussehen und sich auch so verhalten. Sobald die
Tiere geschlechtsreif werden, könnte man bei der nächsten Generation weitere Mammut-Gene einbringen, wodurch die Tiere mit jeder neuen Generation ihren Kollegen aus der Eiszeit ähnlicher werden würden. Bei der
Elefanten-Generationszeit von rund 20 Jahren dürfte
das Vorhaben zu einem ziemlichen Langzeitprojekt heranwachsen. Mittelfristig könnte allerdings ein Tier entstehen, das dem Mammut ähnlich genug ist, um seine
ökologische Rolle zu übernehmen. Das würde nicht nur
Genetiker freuen, sondern auch das Weltklima, was eines der wenigen Argumente für die Wiedereinführung
des Wollhaarmammuts ist, das ohne das Wort »cool«
auskommt.

Forscher schätzen, dass im gefrorenen Permafrost-
boden der Arktis rund 1.400 Gigatonnen Kohlenstoff
gespeichert sind, was in etwa der doppelten Menge entspricht, die man in der Erdatmosphäre vorfindet. Durch
den Klimawandel beginnt dieses Reservoir allerdings
aufzutauen und Treibhausgase an die Atmosphäre ab-
zugeben. Hier könnten die Mammuts zu Hilfe eilen.

Schwergewichtige Herdentiere können den gefallenen Schnee niedertrampeln, wodurch der Boden der kalten sibirischen Luft ausgesetzt wird und stärker abkühlt. Mammuts könnten somit dabei helfen, die Tundra kalt zu halten. Das Auftauen des Permafrostes und die damit verbundene Abgabe von Treibhausgasen an die Atmosphäre würden dadurch verlangsamt werden.

Man hätte für die behaarten Rüsseltiere sogar schon ein erstes Zuhause gefunden – den Pleistozän-Park in Ostsibirien. Der russische Wissenschaftler Sergey A. Zimov möchte dort eine Landschaft wiederauferstehen lassen, wie man sie in dem Zeitabschnitt des Pleistozäns vorfand, der vor 2,588 Millionen Jahren begann und circa 9.660 vor Christus endete (Lovgren, 2005). Auf dem eingezäunten, 160 Quadratkilometer großen Gebiet soll getestet werden, ob das Verschwinden der großen Pflanzenfresser durch intensive Bejagung auch zum Verschwinden des Pleistozän-Ökosystems geführt hat. Die dort angesiedelten Elche, Bisons, Moschusochsen und anderen Bewohner würden sich darüber freuen, ihren alten Bekannten, das Mammut, wiederzusehen.

Werden Mammuts also die Lösung für das Klimaproblem sein? Vermutlich nur, wenn es ihnen gelingt, sämtliche Kohlekraftwerke niederzutrampeln. Aber ihre Rolle im Ökosystem ist zumindest ein Beweggrund für ihre Wiedereinführung, die man ungeniert auf einer Fachkonferenz von sich geben kann.

Schlusswort:

Sind wir etwas Besonderes?

Als Mensch muss man heutzutage einiges über sich ergehen lassen. Sogar als Menschheit im Ganzen muss man sich ständig mit irgendetwas herumärgern, und manchmal sind sogar die Wissenschaftler mit ihren frechen Behauptungen schuld daran. Sigmund Freud bezeichnete die Spaßverderber unter den Ideen als die »drei Kränkungen der Menschheit« (Freud, 1917): Als Kopernikus entdeckte, dass die Welt nicht der Mittelpunkt des Weltalls ist, mussten wir diese kosmologische Kränkung ertragen. Charles Darwin hat dann noch eine biologische draufgesetzt, indem er festgestellt hat, dass Affen unsere Cousins sind. Freud selbst wollte die Menschheit noch weiter mobben und dachte sich die Libidotheorie des Unbewussten aus, eine psychologische Kränkung, die darauf beruht, dass unser bewusster Wille nur einen Bruchteil unseres Erlebens ausmacht und wir nicht einmal Herr im Haus sind, wenn es um unsere eigenen Gedanken geht.

Könnte die moderne Genetik zu einer vierten Kränkung führen? Ich erinnere mich noch daran, dass meine Erzieherin im Kindergarten einmal gesagt hat, wir seien alle kleine Wunder. Ein süßer Gedanke, aber lässt er sich aufrechterhalten, wenn wir in der Lage sind, Lebewesen nach Belieben zu verändern? Reduziert es unser Selbstwertgefühl, wenn wir erkennen, dass unser Bauplan nichts Magisches hat, sondern verändert und angepasst werden kann?

Persönlich empfinde ich keinen der Punkte, die Freud nennt, als Kränkung. Und das sage ich als geborener Wiener. Eine Bevölkerungsgruppe, die eigentlich ständig am Jammern ist. Mir gefällt der Gedanke, dass die Erde um eine Sonne flitzt, die nicht viel anders ist als die restlichen Sterne am Himmel. Es lässt auf einen viel größeren und spannenderen Kosmos hoffen als der Gedanke, dass wir vom Universum eine Sonderbehandlung bekommen. Darwins Entdeckung, dass wir mit jedem Lebewesen dieser Erde verwandt sind, sollte niemanden von uns kränken, sondern zu einem stärkeren Gefühl der Verbundenheit führen. Und über Libidotheorien mache ich mir erst dann Gedanken, wenn es mit meiner eigenen Libido bergab geht. Ich denke nicht, dass uns irgendeine Erkenntnis über die Erde und das Leben kränken sollte. Viel eher offenbart jede Entdeckung eine zusätzliche Ebene der Reichhaltigkeit dieser Welt. Und mit jeder neu erlernten Fähigkeit steigt unsere Bedeutung für diesen Planeten. Sollte sich die Tatsache, dass wir unser Erbgut verändern können, tatsächlich auf unser Selbstwertgefühl als Menschheit auswirken, dann im positiven Sinn.

Aber wenn man vom subjektiven Selbstwertgefühl einmal absieht, was ist ein Mensch eigentlich tatsächlich wert? Wer seine Eltern fragt, für wie wertvoll sie einen halten, wird meistens eine Antwort bekommen, die das Wort »unbezahlbar« enthält. Sollte Ihnen tatsächlich ein konkreter Euro-Betrag genannt werden, sind Ihre Eltern entweder Freunde des schwarzen Humors oder Organhändler. In einem 2003 erschienenen Beitrag des amerikanischen *Wired magazine* wurde abgeschätzt, wie viel ein menschlicher Körper wert ist, wenn er in seine transplantierbaren Bestandteile zerlegt wird. Wer wirklich sein Bestes gibt, also Knochenmark, Lunge, Niere, Herz, Antikörper und vieles mehr, bringt es demnach auf über 45 Millionen Dollar (Di Justo, 2003). Und davon muss man nicht einmal die Begräbniskosten abziehen, da sowieso kaum etwas zum Begraben übrig bleibt. Trotzdem würde man sich von seinen Eltern eine andere Antwort erhoffen. Dabei haben es die Kinder von Organhändlern noch vergleichsweise gut erwischt. Für Chemikernachwuchs fällt die Antwort deutlich frustrierender aus.

Geht man nach dem atomaren Gewicht, sind von den über hundert bekannten chemischen Elementen lediglich drei für 93 Prozent unseres Körpergewichts verantwortlich. Das trifft auch zu, wenn Sie das Gefühl haben, dass Pizzaschnitten für 93 Prozent Ihres Körpergewichts verantwortlich sind. Die Schuldigen sind Sauerstoff (65 Prozent des Körpergewichts), Kohlenstoff (18 Prozent) und Wasserstoff (10 Prozent). Wasserstoff ist den anderen Elementen zahlenmäßig zwar überlegen, allerdings ist sein Gewicht so gering, dass es sich beim Einfluss auf das Körpergewicht hinter Sauerstoff und Kohlenstoff einreihen muss. Wasserstoff und Sauerstoff bilden zusammen H_2O, also das Wasser, das rund 60 Prozent unseres Körpergewichts ausmacht. Kohlenstoff hingegen bildet die Grundstruktur sämtlicher organischer Moleküle wie Fette, Proteine und Kohlenhydrate. Warum machen gerade diese drei Atome den Großteil unseres Körpers aus? Im ersten Kapitel wurde bereits erwähnt, dass Kohlenstoff mehr chemische Strukturen formen kann als alle anderen Elemente des Periodensystems zusammen. Das macht ihn zum idealen Baustein für etwas so Komplexes wie das Leben. Aber es scheint, als würde uns das Universum höchstpersönlich zu den Körpern gedrängt haben, mit denen wir heute durch die Gegend spazieren.

Die vier Elemente, die den mit Abstand größten Teil der Masse unserer Galaxie ausmachen, sind Wasserstoff, Helium, Sauerstoff und Kohlenstoff. Helium zählt zu den Edelgasen, einer Gruppe des Periodensystems, die sich zu gut dafür ist, chemische Verbindungen einzugehen. Im menschlichen Körper kann es deshalb keine nennenswerte Rolle spielen, außer wenn man einen mit Helium gefüllten Partyballon inhaliert, um dem anderen Geschlecht mit einer originalgetreuen Mickey-Mouse-Stimme zu imponieren. Lässt man das biologisch uninteressante Helium beiseite, endet man mit Wasserstoff, Sauerstoff und Kohlenstoff als die chemisch reaktiven Hauptbestandteile unserer Galaxie. Dieselben drei Elemente, die für 93 Prozent unseres Körpergewichts verantwortlich sind.

Was steckt noch in unseren Körpern? Die nächsten drei Elemente, die einen nennenswerten Teil unserer Körpermasse ausmachen, sind Stickstoff (drei Prozent), Kalzium (1,5 Prozent) und Phosphor (1,2 Prozent). Auch diese Bausteine haben keinen Seltenheitswert und finden sich unter den 20 häufigsten Elementen der Erdkruste und des Sonnensystems. Mit den drei häufigsten zusammengerechnet, machen die Top-Sechs-Elemente somit 99 Prozent unseres Körpergewichts aus. Keine dieser Zutaten des Lebens ist besonders teuer. Grob geschätzt könnte man diese sechs Elemente für weniger als 100 Euro in einer Menge erwerben, aus der sich ein erwachsener Mensch basteln ließe. Am kostspieligsten wäre vermutlich Nummer sieben auf der Liste: Kalium. Es steuert zwar nur 0,2 Prozent unserer Körpermasse bei, ist als Reinsubstanz aber schweineteuer. Wegen Kalium müssten Sie für einen erwachsenen Menschen deshalb noch zusätzliche 100–200 Euro beim Chemiehändler Ihres Vertrauens liegen lassen. Insgesamt würden Sie für die chemischen Einzelteile eines Menschen aber weniger bezahlen als für die neueste Version des iPhone.

Was ist davon zu halten, dass die drei Atome, die 93 Prozent unseres Körpergewichts ausmachen, auch den Großteil der Masse unseres Sonnensystems bilden, wenn man von den chemisch-unreaktiven Edelgasen absieht? Sollten wir schlussfolgern, dass wir absolut gewöhnlich sind und somit verzichtbar? Schleicht sich da die nächste große Kränkung der Menschheit heran?

Wenn man von den Lebewesen absieht, bewohnen wir einen ziemlich gewöhnlichen Planeten, der um einen relativ unspektakulären Stern flitzt. Als Bewohner dieser mittelmäßigen Kugel wirkt unser chemischer Aufbau nicht besonders überraschend. Wir basieren nicht etwa auf exotisch-seltenen Elementen wie Thulium, sondern verdanken den größten Teil unseres Körpers den Bestandteilen, die in der Milchstraße sowieso die meiste Masse darstellen. Man könnte meinen, wir wären das fantasielose Standardmodell des Universums.

Etwas Besonderes sind wir trotzdem. Es ist nicht unser chemischer Aufbau, der uns einzigartig macht, sondern die Tatsache, dass uns eine Jahrmilliarden andauernde Evolution zu der intelligentesten Spezies gemacht hat, der wir in diesem Universum bisher begegnet sind. Im Laufe der letzten paar Generationen konnten wir eine Idee entwickeln, dank der wir die Grenzen unseres Wissens und Könnens unaufhaltsam erweitern – die wissenschaftliche Methode des Erkenntnisgewinns. Sie hat es uns erlaubt, das Fundament des Lebens so gut zu verstehen, dass wir damit begonnen haben, unsere biologischen Limitierungen zu überwinden. Es ist keine Kränkung zu erkennen, dass wir von klebrigen Schleimhaufen abstammen. Im Gegenteil, es ist inspirierend zu sehen, wie weit wir es gebracht haben. Wir bewundern Affen für ihre Brillanz, wenn sie einen Grashalm benutzen, um leckere Ameisen aus einem Baumstumpf zu kratzen. Gleichzeitig fliegen wir zum Mond, verdoppeln unsere Lebensspanne, lesen wie selbstverständlich unseren genetischen Code und beginnen damit, ihn bewusst zu gestalten. Wir Menschen sind schon etwas Besonderes. Je mehr wir über die Welt und uns selbst lernen, desto eher sind wir in der Lage, das Beste aus unserem Platz auf dieser Kugel zu machen.

Eventuell werden wir eines Tages sogar andere Planeten besiedeln und die Verbreitung des Lebens wird unser Geschenk an das Sonnensystem. Wer weiß, vielleicht besuchen wir in ein paar Jahrhunderten die Mammuts und die Hühnerdinos bei einem Spaziergang auf dem Mars und gönnen uns danach einen herzhaften Zleisch-Burger. Bis es so weit ist, gibt es jedenfalls noch genug zu entdecken. Die Genetik ist dabei nur ein Kapitel, aber mit Sicherheit eines der spannendsten, das unsere Entwicklung in den nächsten Jahrzehnten besonders markant prägen wird. Als mein Vater geboren wurde, wusste man erst seit einem Jahr, was DNA überhaupt ist. Damals hätte sich kein Mensch vorstellen können, dass bereits die nächste Generation ihr Geld damit verdienen kann, in dem Buch des Lebens zu lesen und einzelne Abschnitte, wie in einem Word-File, herumzukopieren. Niemand kann abschätzen, welche Möglichkeiten der nächsten Generation von Genetikern zur Verfügung stehen werden. Ich hoffe jedenfalls, dass wir als Gesellschaft erwachsen genug sein werden, um diese Möglichkeiten vernünftig einzusetzen, denn »aus großer Kraft folgt große Verantwortung« – Ben Parker, *Spider-Man*.

Wir haben einen Bogen geschlagen von der Entstehung der ersten Lebensform bis hin zu modernen Lebewesen, die versuchen, ausgestorbene Tierarten zurückzubringen. Das klingt ziemlich vollständig, deckt in Wahrheit aber nur einen kleinen Teil dieses spannenden Gebiets ab, das sich momentan so rasant entwickelt. Wenn Sie achtgeben, werden Sie pausenlos auf Neues stoßen, also halten Sie die Augen danach offen, denn Biologie ist cool. Und Genetik war noch nie so spannend wie heute.

Literaturverzeichnis

Eine Sammlung der wichtigsten Quellen, deren Informationen man nicht in Standardlehrbüchern findet. Auf einzelne, speziell erwähnenswerte Studien wurde bereits im Text verwiesen. Hier finden Sie die vollständige Liste der Arbeiten, auf denen dieses Buch basiert.

Kapitel I

Deamer, D. W. & Pashley, R. M. *Amphiphilic components of the Murchison carbonaceous chondrite: surface properties and membrane formation.* Orig. Life Evol. Biosphere J. Int. Soc. Study Orig. Life 19, 21–38 (1989).

Lincoln, T. A. & Joyce, G. F. *Self-Sustained Replication of an RNA Enzyme.* Science 323, 1229–1232 (2009).

Miller, S. L. & Urey, H. C. *Organic compound synthesis on the primitive earth.* Science 130, 245–251 (1959).

Miller, S. L. *A production of amino acids under possible primitive earth conditions.* Science 117, 528–529 (1953).

Schmitt-Kopplin, P. et al. *High molecular diversity of extraterrestrial organic matter in Murchison meteorite revealed 40 years after its fall.* Proc. Natl. Acad. Sci. U. S. A. 107, 2763–2768 (2010).

Schopf, J. W. *Fossil evidence of Archaean life.* Philos. Trans. R. Soc. Lond. B. Biol. Sci. 361, 869–885 (2006).

Sugahara, H. & Mimura, K. *Peptide synthesis triggered by comet impacts: A possible method for peptide delivery to the early Earth and icy satellites.* Icarus 257, 103–112 (2015).

Theobald, D. L. *A formal test of the theory of universal common ancestry.* Nature 465, 219–222 (2010).

Zerjal, T. et al. *The genetic legacy of the Mongols.* Am. J. Hum. Genet. 72, 717–721 (2003).

Kapitel 2

Ackerley, R. et al. *Human C-Tactile Afferents Are Tuned to the Temperature of a Skin-Stroking Caress.* J. Neurosci. 34, 2879–2883 (2014).

Bancroft, J. *The endocrinology of sexual arousal.* J. Endocrinol. 186, 411–427 (2005).

Binetti, N., Harrison, C., Coutrot, A., Johnston, A. & Mareschal, I. *Pupil dilation as an index of preferred mutual gaze duration.* Royal Society Open Science 3, 160086 (2016).

Chan, W. F. N. et al. *Male microchimerism in the human female brain.* PloS One 7, e45592 (2012).

Chapman, D. D. et al. *Virgin birth in a hammerhead shark.* Biol. Lett. 3, 425–427 (2007).

Cohen, S., Janicki-Deverts, D., Turner, R. B. & Doyle, W. J. *Does Hugging Provide Stress-Buffering Social Support? A Study of Susceptibility to Upper Respiratory Infection and Illness.* Psychol. Sci. 26, 135–147 (2015).

Costa, R. M., Miller, G. F. & Brody, S. *Women Who Prefer Longer Penises Are More Likely to Have Vaginal Orgasms (but Not Clitoral Orgasms): Implications for an Evolutionary Theory of Vaginal Orgasm.* J. Sex. Med. 9, 3079–3088 (2012).

Felker, G. M. et al. *Underlying causes and long-term survival in patients with initially unexplained cardiomyopathy.* N. Engl. J. Med. 342, 1077–1084 (2000).

Finkelstein, J. S. et al. *Gonadal Steroids and Body Composition, Strength, and Sexual Function in Men.* N. Engl. J. Med. 369, 1011–1022 (2013).

Fisher, H. E., Aron, A., Mashek, D., Li, H. & Brown, L. L. *Defining the brain systems of lust, romantic attraction, and attachment.* Arch. Sex. Behav. 31, 413–419 (2002).

Frumin, I. et al. *A social chemosignaling function for human handshaking.* eLife 4 (2015).

Gallup, G. *The human penis as a semen displacement device.* Evol. Hum. Behav. 24, 277–289 (2003).

Gong, P., Liu, J., Li, S. & Zhou, X. *Serotonin receptor gene (5-HT1A) modulates alexithymic characteristics and attachment orientation.* Psychoneuroendocrinology 50, 274–279 (2014).

Hart, A. *Ancient Egyptian grain-based pregnancy test found to be 70% accurate by archaeologists. GroundReport* (2009).

Herring, A. H., Attard, S. M., Gordon-Larsen, P., Joyner, W. H. & Halpern, C. T. *Like a virgin (mother): analysis of data from a longitudinal, US population representative sample survey.* BMJ 347, f7102–f7102 (2013).

Kara, R. J. et al. *Fetal Cells Traffic to Injured Maternal Myocardium and Undergo Cardiac Differentiation Novelty and Significance.* Circ. Res. 110, 82–93 (2012).

Khan, K. S. & Chaudhry, S. *An evidence-based approach to an ancient pursuit: systematic review on converting online contact into a first date.* Evid. Based Med. 20, 48–56 (2015).

Kirshenbaum, S. *The Science of Kissing: What Our Lips Are Telling Us.* Grand Central Publishing (2011).

Kort, R. et al. *Shaping the oral microbiota through intimate kissing.* Microbiome 2, 41 (2014).

Liu, J., Gong, P. & Zhou, X. *The association between romantic relationship status and 5-HT1A gene in young adults.* Sci. Rep. 4, 7049 (2014).

Mautz, B. S., Wong, B. B. M., Peters, R. A. & Jennions, M. D. *Penis size interacts with body shape and height to influence male attractiveness.* Proc. Natl. Acad. Sci. 110, 6925–6930 (2013).

Miller, S. L. & Maner, J. K. *Scent of a woman: men's testosterone responses to olfactory ovulation cues.* Psychol. Sci. 21, 276–283 (2010).

Ober, C. et al. *HLA and Mate Choice in Humans.* Am. J. Hum. Genet. 61, 497–504 (1997).

Raff, H. & Sluss, P. M. *Pre-analytical issues for testosterone and estradiol assays.* Steroids 73, 1297–1304 (2008).

Thai couple sets new record for longest kiss. Fox News (2013) Available at: http://www.foxnews.com/world/2013/02/14/thai-couple-sets-new-record-for-longest-kiss.html.

The History of the Pregnancy Test Kit – A Timeline of Pregnancy Testing. Available at: https://history.nih.gov/exhibits/thinblue-line/timeline.html.

Veale, D., Miles, S., Bramley, S., Muir, G. & Hodsoll, J. *Am I normal? A systematic review and construction of nomograms for flaccid and erect penis length and circumference in up to 15 521 men: Nomograms for flaccid/erect penis length and circumference.* BJU Int. 115, 978–986 (2015).

Wedekind, C. & Furi, S. *Body odour preferences in men and women: do they aim for specific MHC combinations or simply heterozygosity?* Proc. R. Soc. B Biol. Sci. 264, 1471–1479 (1997).

Why Men Are Sloppy Kissers. National Geographic News (2009). http://news.nationalgeographic.com/news/2009/02/090217-sloppy-kisser.html.

Kapitel 3

Busbice, T. *The robotic worm.* (2014) Available at: http://radar.oreilly.com/2014/11/the-robotic-worm.html.

Christiaens, J. F. et al. *The Fungal Aroma Gene ATF1 Promotes Dispersal of Yeast Cells through Insect Vectors.* Cell Rep. 9, 425–432 (2014).

Muto, A., Ohkura, M., Abe, G., Nakai, J. & Kawakami, K. *Real-Time Visualization of Neuronal Activity during Perception.* Curr. Biol. 23, 307–311 (2013).

Kapitel 4

Bayne, T. *The Unity of Consciousness and the Split-Brain Syndrome.* The Journal of Philosophy. Vol. 106, No. 6, 277–300 (2008).

Berdoy, M., Webster, J. P. & Macdonald, D. W. *Fatal attraction in rats infected with Toxoplasma gondii.* Proc. R. Soc. B Biol. Sci. 267, 1591–1594 (2000).

Capgras J. & Reboul-Lachaux, J. *Illusion des sosies dans un delire systematisé chronique.* Bulletin de la Societe Clinique de Medicine Mentale. 2, S. 6–16 (1923).

Edenberg, H. J. *The genetics of alcohol metabolism: role of alcohol dehydrogenase and aldehyde dehydrogenase variants.* Alcohol Res. Health J. Natl. Inst. Alcohol Abuse Alcohol. 30, 5–13 (2007).

Eysenck, M. W. *Fundamentals of psychology*, page 108. (Psychology Press, 2009).

Flegr, J., Havlícek, J., Kodym, P., Malý, M. & Smahel, Z. *Increased risk of traffic accidents in subjects with latent toxoplasmosis: a retrospective case-control study.* BMC Infect. Dis. 2, 11 (2002).

Flegr, J., Lenochová, P., Hodný, Z. & Vondrová, M. *Fatal Attraction Phenomenon in Humans – Cat Odour Attractiveness Increased for Toxoplasma-Infected Men While Decreased for Infected Women.* PLoS Negl. Trop. Dis. 5, e1389 (2011).

Gazzaniga, M.S. *Rechtes und linkes Gehirn: Split-Brain und Bewusstsein.* Spektrum der Wissenschaft (1998) Seite 84.

Harris, S. *Waking up: a guide to spirituality without religion.* (Simon & Schuster, 2014).

LeDoux, J. E., Wilson, D. H. & Gazzaniga, M. S. *A divided mind: observations on the conscious properties of the separated hemispheres.* Ann. Neurol. 2, 417–421 (1977).

Logan, B. K. & Jones, A. W. *Endogenous ethanol 'auto-brewery syndrome' as a drunk-driving defence challenge.* Med. Sci. Law 40, 206–215 (2000).

Miller, C. M., Boulter, N. R., Ikin, R. J. & Smith, N. C. *The immunobiology of the innate response to Toxoplasma gondii.* Int. J. Parasitol. 39, 23–39 (2009).

Quian Quiroga, R., Kraskov, A., Koch, C. & Fried, I. *Explicit Encoding of Multimodal Percepts by Single Neurons in the Human Brain.* Curr. Biol. 19, 1308–1313 (2009).

Quiroga, R. Q., Reddy, L., Kreiman, G., Koch, C. & Fried, I. *Invariant visual representation by single neurons in the human brain.* Nature 435, 1102–1107 (2005).

233

Ramachandran, V.S. *Split brain with one half atheist and one half theist.* Beyond Belief Conference (2006)
https://www.youtube.com/watch?v=PFJPtVRlI64.

Reynolds, E. *'I have a brewery in my stomach': What it's like to have auto-brewery syndrome.* (2015) Available at:
http://www.news.com.au/lifestyle/health/health-problems/ i-have-a-brewery-in-my-stomach-what-its-like-to-have-auto-brewery-syndrome/news-story/70900fbd81c871c9dd764f-7b0929ec82

Sanecka, A. & Frickel, E.-M. *Use and abuse of dendritic cells by Toxoplasma gondii.* Virulence 3, 678–689 (2012).

Schmidt, J. O. *The sting of the wild.* (Johns Hopkins University Press, 2016).

Webster, J. P., Kaushik, M., Bristow, G. C. & McConkey, G. A. *Toxoplasma gondii infection, from predation to schizophrenia: can animal behaviour help us understand human behaviour?* J. Exp. Biol. 216, 99–112 (2013).

Kapitel 5

Baumeister, R. F., Bratslavsky, E., Muraven, M. & Tice, D. M. *Ego depletion: is the active self a limited resource?* J. Pers. Soc. Psychol. 74, 1252–1265 (1998).

Debono, M. et al. *Modified-Release Hydrocortisone to Provide Circadian Cortisol Profiles.* J. Clin. Endocrinol. Metab. 94, 1548–1554 (2009).

Gailliot, Matthew T.; Baumeister, Roy F.; DeWall, C. Nathan; Maner, Jon K.; Plant, E. Ashby; Tice, Dianne M.; Brewer, Lauren E.; Schmeichel, Brandon J. *Self-control relies on glucose as a limited energy source: Willpower is more than a metaphor.* Journal of Personality and Social Psychology, Vol 92(2), Feb 2007, 325-336.

Hagger, M. S. & Chatzisarantis, N. L. D. *The Sweet Taste of Success: The Presence of Glucose in the Oral Cavity Moderates the Depletion* of Self-Control Resources. Pers. Soc. Psychol. Bull. 39, 28–42 (2013).

Kareklas, K., Nettle, D. & Smulders, T. V. *Water-induced finger wrinkles improve handling of wet objects.* Biol. Lett. 9 (2013).

Knols, B. G. *On human odour, malaria mosquitoes, and Limburger cheese.* The Lancet 348, 1322 (1996).

O'Keefe, J. H. et al. *Effects of Habitual Coffee Consumption on Cardio-metabolic Disease, Cardiovascular Health, and All-Cause Mortality.* J. Am. Coll. Cardiol. 62, 1043–1051 (2013).

Owino, E. *Sampling of An.gambiae s.s mosquitoes using Limburger cheese, heat and moisture as baits in a homemade trap.* BMC Res. Notes 4, 284 (2011).

Samson, D. R. & Nunn, C. L. *Sleep intensity and the evolution of human cognition.* Evol. Anthropol. 24, 225–237 (2015).

Kapitel 6

100 Jahre alte Harpune in Wal gefunden. Welt Online (2007).

Allentoft, M. E. et al. *The half-life of DNA in bone: measuring decay kinetics in 158 dated fossils.* Proc R Soc B 279, 4724–4733 (2012).

Baker, D. J. et al. *Clearance of p16Ink4a-positive senescent cells delays ageing-associated disorders.* Nature 479, 232–236 (2011).

Baker, D. J. et al. *Naturally occurring p16Ink4a-positive cells shorten healthy lifespan.* Nature 530, 184–189 (2016).

Barribeau, T. *Is Vat-Grown Meat Kosher? We Asked A Rabbi.* io9 Available at: http://io9.com/5458425/is-vat-grown-meat-kosher-we-asked-a-rabbi.

Bernardes de Jesus, B. et al. *Telomerase gene therapy in adult and old mice delays aging and increases longevity without increasing cancer: TERT alone extends lifespan of adult/old mice.* EMBO Mol. Med. 4, 691–704 (2012).

Botelho, J. F. et al. *Molecular development of fibular reduction in birds and its evolution from dinosaurs.* Evolution 70, 543–554 (2016).

Callaway, E. *Mammoth genomes provide recipe for creating Arctic elephants.* Nature 521, 18–19 (2015).

Chen, R. et al. *Analysis of 589,306 genomes identifies individuals resilient to severe Mendelian childhood diseases.* Nat. Biotechnol. (2016). doi:10.1038/nbt.3514

Conboy, I. M. et al. *Rejuvenation of aged progenitor cells by exposure to a young systemic environment.* Nature 433, 760–764 (2005).

Datar, I. & Betti, M. *Possibilities for an in vitro meat production system.* Innov. Food Sci. Emerg. Technol. 11, 13–22 (2010).

Dias, B. G. & Ressler, K. J. *Parental olfactory experience influences behavior and neural structure in subsequent generations.* Nat. Neurosci. 17, 89–96 (2013).

Fahy, G. M. et al. *Physical and biological aspects of renal vitrification.* Organogenesis 5, 167–175 (2009).

FAO. *Current Worldwide Annual Meat Consumption per capita, Livestock and Fish Primary Equivalent.* Food and Agriculture Organization of the United Nations (2013).

Grossi, B., Iriarte-Díaz, J., Larach, O., Canals, M. & Vásquez, R. A. *Walking Like Dinosaurs: Chickens with Artificial Tails Provide Clues about Non-Avian Theropod Locomotion.* PLOS ONE 9, e88458 (2014).

Harris, M. P., Hasso, S. M., Ferguson, M. W. J. & Fallon, J. F. *The Development of Archosaurian First-Generation Teeth in a Chicken Mutant.* Curr. Biol. 16, 371–377 (2006).

Helmuth, L. *Lamprey Brain Drives Robot.* Science | AAAS (2000). Available at: http://www.sciencemag.org/news/2000/11/lamprey-brain-drives-robot.

Horrington, E. M., Pope, F., Lunsford, W. & McCay, C. M. *Age Changes in the Bones, Blood Pressure, and Diseases of Rats in Parabiosis.* Gerontology 4, 21–31 (1960).

Human Tails. Nature. Available at: http://www.nature.com/nature/journal/v106/n2678/abs/106845a0.html.

Infante, C. R. et al. *Shared Enhancer Activity in the Limbs and Phallus and Functional Divergence of a Limb-Genital cis-Regulatory Element in Snakes.* Dev. Cell 35, 107–119 (2015).

Katsimpardi, L. et al. *Vascular and Neurogenic Rejuvenation of the Aging Mouse Brain by Young Systemic Factors.* Science 344, 630–634 (2014).

Knapton, S. *Woolly mammoth could roam again as extinct DNA merged with elephant.* (2015). Available at: http://www.telegraph.co.uk/news/science/science-news/11488404/Woolly-mammoth-could-roam-again-as-extinct-DNA-merged-with-elephant.html.

Liang, P. et al. *CRISPR/Cas9-mediated gene editing in human tripronuclear zygotes.* Protein Cell 6, 363–372 (2015).

Loffredo, F. S. et al. *Growth Differentiation Factor 11 Is a Circulating Factor that Reverses Age-Related Cardiac Hypertrophy.* Cell 153, 828–839 (2013).

Lovgren, S. *Pleistocene Park Underway: Home for Reborn Mammoths?* National Geographic News (2005).

Ludwig, F. C. & Elashoff, R. M. *Mortality in syngeneic rat paraboints of different chronological age.* Trans. N. Y. Acad. Sci. 34, 582–587 (1972).

Martill, D. M., Tischlinger, H. & Longrich, N. R. EVOLUTION. *A four-legged snake from the Early Cretaceous of Gondwana.* Science 349, 416–419 (2015).

McIntyre, R. L. & Fahy, G. M. *Aldehyde-stabilized cryopreservation.* Cryobiology 71, 448–458 (2015).

Painter, R. et al. *Transgenerational effects of prenatal exposure to the Dutch famine on neonatal adiposity and health in later life.* BJOG Int. J. Obstet. Gynaecol. 115, 1243–1249 (2008).

Palkopoulou, E. et al. *Complete Genomes Reveal Signatures of Demographic and Genetic Declines in the Woolly Mammoth.* Curr. Biol. 25, 1395–1400 (2015).

Scudellari, M. *Ageing research: Blood to blood.* Nature 517, 426–429 (2015).

Scudellari, M. *Anti-Aging-Agens: Jungbrunnen Blut.* Spektrum der Wissenschaft (2015) Available at: http://www.spektrum.de/news/jungbrunnen-blut/1331427.

Shermer, M. *Can Our Minds Live Forever?* Scientific American (2016)

Sinha, M. et al. *Restoring Systemic GDF11 Levels Reverses Age-Related Dysfunction in Mouse Skeletal Muscle.* Science 344, 649–652 (2014).

So viele Tiere isst der Deutsche in seinem Leben. Welt Online (2009).

Stein, A. D. & Lumey, L. H. *The relationship between maternal and offspring birth weights after maternal prenatal famine exposure: the Dutch Famine Birth Cohort Study.* Hum. Biol. 72, 641–654 (2000).

The Tissue Culture and Art Project Disembodied Cuisine. Available at: http://lab.anhb.uwa.edu.au/tca/disembodied-cuisine/

Tuomisto, H. L. & Teixeira de Mattos, M. J. *Environmental Impacts of Cultured Meat Production.* Environ. Sci. Technol. 45, 6117–6123 (2011).

Venter, J. C. et al. *The Sequence of the Human Genome.* Science 291, 1304–1351 (2001).

Vieira, N. M. et al. *Jagged 1 Rescues the Duchenne Muscular Dystrophy Phenotype.* Cell 163, 1204–1213 (2015).

Villeda, S. A. et al. *The ageing systemic milieu negatively regulates neurogenesis and cognitive function.* Nature 477, 90–94 (2011).

Villeda, S. A. et al. *Young blood reverses age-related impairments in cognitive function and synaptic plasticity in mice.* Nat. Med. 20, 659–663 (2014).

Vita-More, N. & Barranco, D. *Persistence of Long-Term Memory in Vitrified and Revived Caenorhabditis elegans.* Rejuvenation Res 18, 458–463 (2015).

Weismann, A. *Essays Upon Heredity.* Clarendon Press, Oxford, 1889.

Writer, B. T. B., Features. *Is 'shmeat' the answer? In vitro meat could be the future of food.* GulfNews (2013). Available at: http://gulf-news.com/gn-focus/eat/is-shmeat-the-answer-in-vitro-meat-could-be-the-future-of-food-1.1176127.

Schlusswort

Di Justo, P. *How to Sell Your Body for $46 Million*. Wired magazine, August issue (2003).

Freud, S. *Eine Schwierigkeit der Psychoanalyse*. Zeitschrift für Anwendung der Psychoanalyse auf die Geisteswissenschaften V, (1917).